高职高专"十一五"规划教材

仪器分析
——光谱与电化学分析技术

王炳强　主　编

高洪潮　副主编

吕宪禹　主　审

U0359609

化学工业出版社

·北京·

本书是高职高专化工技术类工业分析与检验专业规划教材。本书的编写主要是适应高职教育对教材需求，删繁就简，力求有一个通用的、简明的教材适合高职院校选用。

本书具体内容包括：绪论、分子吸光分析法、分子发光分析法、原子光谱分析法、电位分析法、库仑分析法六章。每章后都有实训项目，实训着重点放在基本操作技能要求，拓展知识可参阅其他专著和教材。

本书可作为高职高专化工技术类专业或其他相近专业"仪器分析"或"仪器分析检测技术"课程的教材；也可作为化学检验、药物分析检验、高级及中级分析人员培训用书；还可作为从事分析检验的高级及中级分析技术人员参考用书。

图书在版编目（CIP）数据

仪器分析——光谱与电化学分析技术/王炳强主编．—北京：化学工业出版社，2010.8（2020.10重印）

高职高专"十一五"规划教材

ISBN 978-7-122-09081-2

Ⅰ．仪…　Ⅱ．王…　Ⅲ.①仪器分析-高等学校：技术学院-教材②光谱分析-高等学校：技术学院-教材③电化学分析-高等学校：技术学院-教材　Ⅳ.①O657②O433.4

中国版本图书馆 CIP 数据核字（2010）第 130318 号

责任编辑：陈有华　　　　　　　　　　文字编辑：颜克俭
责任校对：陈　静　　　　　　　　　　装帧设计：于　兵

出版发行：化学工业出版社（北京市东城区青年湖南街 13 号　邮政编码 100011）
印　　装：北京七彩京通数码快印有限公司
787mm×1092mm　1/16　印张 10¾　字数 254 千字　2020 年 10 月北京第 1 版第 4 次印刷

购书咨询：010-64518888　　　　　　　售后服务：010-64518899
网　　址：http://www.cip.com.cn
凡购买本书，如有缺损质量问题，本社销售中心负责调换。

定　　价：39.00 元　　　　　　　　　　　　　　　　版权所有　违者必究

前　言

　　"仪器分析"是化学技术类专业（包括化学、应用化学、工业分析与检验、高分子材料与工程、材料化学）教学计划中的一门专业课程。通过本课程的学习，应使学生基本掌握仪器分析的各类方法，其内容涵盖光、电、色、质及某些新技术的应用。要求学生对这些方法的基本原理、仪器设备及其基本结构、方法特点及应用能较深入地理解和掌握，初步具备根据分析对象选择合适的分析方法及理解相应问题的能力；并学习数据处理的各种方法，具有初步的处理数据的能力。

　　本教材是根据8所高职院校共同制定并通过的仪器分析教学基本要求而编写的，以解决目前高职教学中教材短缺，内容偏难，不利教学等问题；旨在体现高职院校仪器分析教材"够用为度"、"理论适当，重在技能训练"。

　　本书在编写过程中力求突出以下特色。

　　1. 努力使本教材适应我国高职高专院校的培养目标。因此，在教学内容安排上既重视对仪器分析基本理论、基本知识方面的讲授，又重视对学生基本操作技能的培养训练。以使学生既具有较为系统的仪器分析理论知识，又具有较强的职业实践操作能力。使学生在走上相关工作岗位之后，能够尽快适应岗位的要求，满足社会对高级技术应用型人才的需求。

　　2. 突出内容的先进性和实用性。根据目前仪器分析岗位对高职学生的基本要求而编写的，并适当反映国内外最新的仪器分析技术，以满足学生在后续的课程中能够对所从事的工作前沿有一个初步了解，开阔学生的眼界。

　　3. 本教材方便于学生自学以及学有余力的学生在仪器分析课程上的进一步提高。每章之后都有小结，便于学生自己总结。同时每章都附有一定数量的思考题与习题，可供学生练习使用。

　　4. 注重教材体系和结构安排尽量符合教学规律，以利于教师组织教学。

　　《仪器分析》教材为方便教学，分为两个单独体系，即《光谱与电化学分析技术》和《色谱分析技术》，可根据不同院校的实际情况选用教材。

　　本书具体内容包括：绪论、分子吸光分析法、分子发光分析法、原子光谱分析法、电位分析法、库仑分析法六章。每章后都有实训项目，实训着重点放在基本操作技能要求，拓展知识可参阅其他专著和教材。

　　本书由天津渤海职业技术学院王炳强任主编，河北化工医药职业技术学院高洪潮任副主编。王炳强编写第一、二章；山东潍坊职业学院杨艳玲、刘芳，金华职业技术学院肖珊美共同编写第三、六章；江西应用技术学院张冬梅编写第四章；高洪潮编写第五章。全书由王炳强统稿。

南开大学生命科学学院博士生导师吕宪禹教授审阅全书并提出了很多宝贵意见，天津科技大学分析中心杨志岩教授、天津医科大学公共卫生学院任大林教授、天津理化分析中心王皎瑜教授、天津大学分析测试中心孙景教授等专家对本书编写也提出很多修改建议，编者在此表示诚挚的感谢。

教材在编写过程中参考了有关专著、教材、论文等资料，在此向相关专家、作者致以衷心的感谢。

由于时间和水平所限，书中不当之处在所难免，欢迎广大读者提出宝贵意见。

编　者
2010 年 4 月

目　录

第一章　绪论 ……………………………………………………………………………… 1

一、仪器分析法及其特点 ………………………………………………………………… 1

二、仪器分析法基本内容和分类 ………………………………………………………… 1

三、仪器分析的发展方向 ………………………………………………………………… 2

第二章　分子吸光分析法 ……………………………………………………………… 3

第一节　光谱分析法导论 ……………………………………………………………… 3

一、光的性质 ……………………………………………………………………………… 3

二、分子能级 ……………………………………………………………………………… 5

三、物质对光的选择性吸收 ……………………………………………………………… 5

第二节　紫外-可见吸收光谱 …………………………………………………………… 8

一、紫外-可见吸收光谱 ………………………………………………………………… 8

二、有机化合物分子的电子跃迁 ………………………………………………………… 9

三、一些基本概念 ………………………………………………………………………… 10

四、无机化合物分子的电子跃迁 ………………………………………………………… 11

第三节　紫外-可见分光光度计 ………………………………………………………… 12

一、仪器的基本组成 ……………………………………………………………………… 12

二、仪器的类型 …………………………………………………………………………… 14

第四节　紫外-可见吸收光谱法的应用 ………………………………………………… 15

一、定性分析 ……………………………………………………………………………… 15

二、定量分析 ……………………………………………………………………………… 16

第五节　红外吸收光谱法 ……………………………………………………………… 19

一、基本原理 ……………………………………………………………………………… 19

二、红外吸收光谱仪 ……………………………………………………………………… 28

三、红外光谱定性和定量分析及应用 …………………………………………………… 32

本章小结 …………………………………………………………………………………… 37

思考题与习题 ……………………………………………………………………………… 37

实训 2-1　邻二氮菲分光光度法测定微量铁 …………………………………………… 40

实训 2-2　分光光度法测定铬和钴的混合物 …………………………………………… 42

实训 2-3　紫外分光光度法测定苯甲酸含量 …………………………………………… 43

实训 2-4　苯甲酸红外吸收光谱的测定（压片法） …………………………………… 44

第三章　分子发光分析法 ··· 46

第一节　概述 ··· 46

第二节　分子荧光分析法 ·· 46

一、分子荧光和磷光的产生 ··· 47

二、分子荧光的性质 ··· 48

三、分子荧光的参数 ··· 50

四、荧光强度的主要影响因素 ··· 51

五、荧光定量分析方法 ··· 52

六、荧光分光光度计 ··· 52

第三节　分子磷光分析法 ·· 54

一、低温磷光分析 ··· 54

二、室温磷光分析 ··· 54

第四节　化学发光分析法 ·· 54

一、化学发光分析的基本理论 ··· 55

二、化学发光分析的主要类型 ··· 56

三、化学发光分析仪器 ··· 58

四、影响液相化学发光的主要因素 ······································· 58

五、生物发光分析法 ··· 59

第五节　分子发光分析法应用简介 ·· 59

一、分子荧光分析法的应用 ··· 59

二、分子磷光分析法的应用 ··· 60

三、化学发光分析法的应用 ··· 60

本章小结 ··· 62

思考题与习题 ··· 62

实训 3-1　分子荧光标准曲线法定量测量二氯荧光素的含量 ···················· 63

实训 3-2　荧光分析法测定邻羟基苯甲酸和间羟基苯甲酸 ······················ 64

第四章　原子光谱分析法 ··· 66

第一节　光谱分析法概述 ·· 66

一、光谱分析方法 ··· 66

二、非光谱分析法 ··· 66

第二节　原子发射光谱仪的结构及主要类型 ···································· 66

一、原子发射光谱仪的结构 ··· 66

二、观测设备 ··· 70

三、原子发射光谱的主要类型 ··· 71

四、原子发射光谱仪分析室 ··· 73

第三节　原子发射光谱分析和应用 ·· 73

一、原子发射光谱分析概述 ··· 73

二、原子发射光谱法基本原理 ··· 74

二、原子发射光谱定性分析 ··· 76

四、原子发射光谱半定量分析 ··· 79

五、原子发射光谱定量分析 ··· 80

六、光谱定量分析工作条件的选择 ……………………………………………………… 81

七、原子发射光谱法的应用 ……………………………………………………………… 82

第四节　原子吸收光谱分析法的基本原理 ……………………………………………… 82

一、原子吸收光谱分析引论 ……………………………………………………………… 82

二、基态原子及原子吸收光谱的产生 …………………………………………………… 83

三、基态原子与激发态原子的分配 ……………………………………………………… 83

四、谱线的轮廓及其变宽 ………………………………………………………………… 84

第五节　原子吸收光谱的测量 …………………………………………………………… 85

一、积分吸收 ……………………………………………………………………………… 85

二、峰值吸收 ……………………………………………………………………………… 85

第六节　原子吸收光谱仪 ………………………………………………………………… 86

一、基本装置及其工作原理 ……………………………………………………………… 86

二、光源 …………………………………………………………………………………… 86

三、原子化系统 …………………………………………………………………………… 87

四、分光系统 ……………………………………………………………………………… 88

五、检测和显示 …………………………………………………………………………… 89

第七节　原子吸收定量分析方法 ………………………………………………………… 89

一、标准曲线法 …………………………………………………………………………… 89

二、标准加入法 …………………………………………………………………………… 89

三、浓度直读法 …………………………………………………………………………… 90

四、双标准比较法 ………………………………………………………………………… 90

五、内标法 ………………………………………………………………………………… 91

第八节　实验技术 ………………………………………………………………………… 91

一、一般分析过程 ………………………………………………………………………… 91

二、干扰及其抑制 ………………………………………………………………………… 92

三、测定条件的选择 ……………………………………………………………………… 94

第九节　灵敏度与检出限 ………………………………………………………………… 96

一、灵敏度与特征浓度 …………………………………………………………………… 96

二、检出限 ………………………………………………………………………………… 97

三、检出限与灵敏度间的关系 …………………………………………………………… 97

第十节　原子吸收光谱法的应用 ………………………………………………………… 97

一、各族元素 ……………………………………………………………………………… 97

二、生物样品 ……………………………………………………………………………… 98

三、环境样品 ……………………………………………………………………………… 98

第十一节　原子荧光分析法 ……………………………………………………………… 98

一、概述 …………………………………………………………………………………… 98

二、基本原理 ……………………………………………………………………………… 98

三、原子荧光定量分析及其主要影响因素 ……………………………………………… 99

四、原子荧光光谱仪 ……………………………………………………………………… 100

五、原子荧光分析法的应用 ……………………………………………………………… 100

本章小结 …………………………………………………………………………………… 101

思考题与习题 ………………………………………………… 102

实训 4-1　原子发射光谱定性分析 ………………………………… 104

实训 4-2　ICP 光谱法测定饮用水总硅 …………………………… 107

实训 4-3　火焰原子吸收分光光度法测定条件的选择 …………… 108

实训 4-4　原子吸收分光光度计的检出限和精密度的检定 ……… 110

实训 4-5　工作曲线法测定水中镁含量 …………………………… 111

实训 4-6　原子荧光法测定生活饮用水中砷 ……………………… 113

第五章　电位分析法 …………………………………………… 115

　第一节　电位分析法基本原理 …………………………………… 115

　　一、电位分析的理论依据 ……………………………………… 115

　　二、参比电极和指示电极 ……………………………………… 116

　第二节　直接电位法 ……………………………………………… 124

　　一、直接电位法测定溶液 pH ………………………………… 124

　　二、直接电位法测定溶液中的离子浓度 ……………………… 126

　第三节　电位滴定法 ……………………………………………… 129

　　一、电位滴定法基本原理 ……………………………………… 129

　　二、电位滴定测定步骤 ………………………………………… 129

　　三、电位滴定确定终点的方法 ………………………………… 130

　　四、自动电位滴定法 …………………………………………… 132

　　五、永停滴定法 ………………………………………………… 132

　第四节　电位分析仪器结构与原理 ……………………………… 133

　　一、直接电位法常用仪器 ……………………………………… 133

　　二、电位滴定法常用仪器 ……………………………………… 134

　本章小结 …………………………………………………………… 136

　思考题与练习 ……………………………………………………… 137

　实训 5-1　直接电位法测量水溶液的 pH ……………………… 138

　实训 5-2　氟离子选择性电极测定饮用水中的氟 ……………… 140

　实训 5-3　乙酸的电位滴定分析及其离解常数的测定 ………… 143

第六章　库仑分析法 …………………………………………… 145

　第一节　库仑分析法的基本原理 ………………………………… 145

　　一、电解现象和电解电量 ……………………………………… 145

　　二、法拉第电解定律 …………………………………………… 146

　　三、电流效率的影响因素 ……………………………………… 146

　第二节　控制电位库仑分析法 …………………………………… 147

　　一、方法原理及装置 …………………………………………… 147

　　二、电量的测定 ………………………………………………… 147

　　三、特点及应用 ………………………………………………… 148

　第三节　控制电流库仑分析法 …………………………………… 149

　　一、方法原理及装置 …………………………………………… 149

　　二、库仑滴定剂的产生方法 …………………………………… 150

　　三、滴定终点的指示方法 ……………………………………… 150

　　四、特点及应用 ……………………………………………………… 152

本章小结 ………………………………………………………………… 154

思考题与练习 …………………………………………………………… 154

实训 6-1　库仑滴定法标定 $Na_2S_2O_3$ 溶液的浓度 …………………… 155

实训 6-2　库仑滴定法测定微量肼 ……………………………………… 157

参考文献 ………………………………………………………………… 159

第一章 绪 论

一、仪器分析法及其特点

1. 仪器分析法

用精密仪器测量物质的某些物理或物理化学性质以确定其化学组成、含量及化学结构的一类分析方法，又称为物理和物理化学分析法。

随着科学技术发展，特别是计算机技术的高速发展，分析化学在方法和实验技术上都发生着非常大的变化，特别是仪器分析法在分析方法和手段上吸收了当代科学技术最新成就，不仅强化和改善了原有仪器的性能，而且推出了很多新的分析测试仪器，为科学研究和生产实际提供了更多、更新和更全面的信息，成为现代实验化学的重要支柱。

2. 仪器分析特点

仪器分析的特点很多，大致有以下几方面。

① 灵敏度高，检测限低，比较适合于微量、痕量和超痕量的分析。

② 选择性好，许多仪器分析方法可以通过选择或调整测定的条件，不经分离而同时测定混合的组分。

③ 操作简便，分析速度快，易于实现自动化和智能化。

④ 应用范围广，不但可以做组分及含量的分析，在状态、结构分析上也有广泛的应用。

二、仪器分析法基本内容和分类

仪器分析法内容丰富，种类繁多，为了便于学习和掌握，将部分常用的仪器分析法按其分析过程中所用的方法和操作技术进行分类，见表 1-1 所列。

表 1-1　部分常用的仪器分析法分类

方法的分类	被测物理性质	相应的分析方法（部分）
光学分析法	辐射的发射	原子发射光谱法（AES）
	辐射的吸收	原子吸收光谱法（AAS），红外吸收光谱法（IR），紫外-可见吸收光谱法（UV-Vis），核磁共振波谱法（NMR），荧光光谱法（AFS）
	辐射的散射	浊度法，拉曼光谱法
	辐射的衍射	X 射线衍射法，电子衍射法
电化学分析法	电导	电导法
	电流	电流滴定法
	电位	电位分析法
	电量	库仑分析法
	电流-电压特性	极谱分析法，伏安法
色谱分析法	两相间的分配	气相色谱法（GC），高效液相色谱法（HPLC），离子色谱法
其他分析法	质荷比	质谱法

本教材介绍分子吸光光度法（紫外-可见分光光度法、红外分光光度法）；分子发光分析

法（分子荧光分析法、分子磷光分析法、化学发光分析法）；原子光谱分析法（原子发射光谱法、原子吸收光谱法）；电位分析法、气相色谱法、高效液相色谱法、液相质谱联用技术等。

三、仪器分析的发展方向

随着科学技术的发展，新的仪器分析方法不断涌现，且其应用日益广泛，发展趋势主要表现在以下几点。

① 计算机技术在仪器分析中的应用将更加普遍和深入，智能化的仪器分析方法将逐渐成为常规分析的重要手段。

② 分析仪器的微型化、智能化正在加速，微分析系统（μ-TAs）已成气候。

③ 仪器分析中各种方法的联用日益普及，无疑为分析解决复杂问题提供了更有力的手段。

④ 仪器分析进一步与生物、医学、环保等领域结合，向更全面、更灵敏、更可靠、更快速的方向发展。

第二章 分子吸光分析法

光谱分析法是利用待测定组分所显示出的吸收光谱或发射光谱,既包括原子光谱也包括分子光谱。利用被测定组分中的分子所产生的吸收光谱的分析方法,即可见与紫外分光光度法、红外光谱法;利用其发射光谱的分析方法,常见的有荧光光度法;利用被测定组分中的原子吸收光谱的分析方法,即原子吸收法;利用被测定组分的发射光谱的分析方法,包括发射光谱分析法、原子荧光法、X射线原子荧光法、质子荧光法等。

第一节 光谱分析法导论

一、光的性质

1. 光的二象性

光具有波动性和微粒性,亦称光的二象性。光的波动可以解释光的传播,而光的微粒性可以解释光与原子、分子的相互作用。

满足波动性的关系式为:

$$c = \nu\lambda \tag{2-1}$$

式中,ν 为频率,Hz;λ 为波长,nm;c 为光速,真空约 3.0×10^{10} cm/s。

$\nu = \dfrac{1}{\tau}$,τ 为周期(指完成一周波所需时间,s/周),

$\bar{\nu} = \dfrac{1}{\lambda}$,$\bar{\nu}$ 为波数(指 1cm 中波的数目,cm^{-1})。

光也可看做是高速运动的粒子,即光子或光量子。它具有一定的能量,满足普朗克方程:

$$E = h\nu \tag{2-2}$$

式中,E 为光子能量,eV;ν 为光的频率,Hz;h 为普朗克常数,6.626×10^{-34} J·s。

综合光的波动与微粒性可得:

$$E = h\frac{c}{\lambda} = h\nu, E = hc\bar{\nu} \tag{2-3}$$

即光的能量与相应的光的波长成反比,与波数及频率成正比。

2. 光的分类和光谱区域

光是电磁波,依波长不同可划分为几个区域,不同波长的电磁辐射作用于被研究物质的分子,可引起分子内不同能级的改变,即不同的能级跃迁,由此可采用不同的波谱或光谱技术。表 2-1 为电磁辐射区域及各区域对应的波谱或光谱技术。

3. 可见光

可见光在整个电磁辐射范围内仅占极小一部分,可见光的波长范围为 $400 \sim 780$ nm,它是由红、橙、黄、绿、青、蓝、紫七色按一定比例混合而成的白光。各种色光近似波长如图2-1 所示。

表 2-1　电磁辐射区域及各区域对应的波谱或光谱技术

波长范围	电磁辐射区域	能级跃迁类型	波谱技术
$10^{-4} \sim 10^{-2}\,nm$	γ射线区	核内部能级跃迁	Mössbauer 谱
$10^{-2} \sim 10\,nm$	X射线区	核内层电子能级跃迁	电子光谱
$100 \sim 200\,nm$	真空紫外区	核外层电子能级跃迁（价电子或非键电子）	紫外光谱
$200 \sim 400\,nm$	近紫外区		
$400 \sim 780\,nm$	可见光区		可见光谱
$2.5 \sim 25\,\mu m$	红外光区	分子振动-转动能级跃迁	红外光谱
		分子转动能级跃迁	纯转动光谱
$0.1 \sim 100\,cm$	微波区	电子自旋能级跃迁（磁诱导）	电子顺磁共振谱
$1 \sim 1000\,m$	射频区	核自旋能级跃迁	核磁共振谱

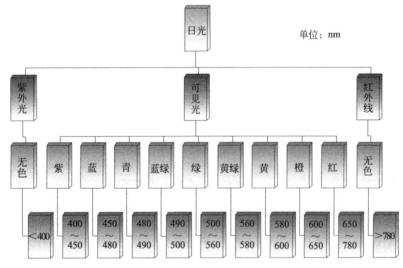

图 2-1　各种色光近似波长

如果把适当颜色的两种光按照一定强度比例混合，也可以成为白光，这两种颜色的光称为互补色光，图 2-2 为互补色光示意。图中处于同一直线两端的两种颜色的光即为互补光，如黄色光与蓝色光互补。

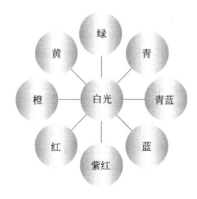

图 2-2　互补色光示意

二、分子能级

根据量子理论，原子或分子的能量是量子化的。其具有的能量叫原子或分子的能级。当原子或分子吸收一定波长的光线后，可由低能级向高能级跃迁，如图 2-3 所示。

当连续光源通过棱镜或光栅时，光线可被分解为各个波长的组分。这些不同波长的光，只有当电磁波的能量与原子或分子中两能级之间的能量差相等时，原子或分子才可能吸收该电磁波的能量。若两能级间能量差用 ΔE 表示，则

$$\Delta E = E_{高} - E_{低} = h\nu \tag{2-4}$$

由于不同类型的原子、分子有不同的能级间隔，吸收光子能量和波长也不同，因而可得到不同的吸收光谱。

分子能量由许多部分组成，分子的总能量如用 E_T 表示，则

$$E_T = E_0 + E_t + E_e + E_v + E_r \tag{2-5}$$

式中，E_0 为零点能，是分子内在的能量，它不随分子运动而改变；E_t 为分子平动能，是温度的函数，它的变化不产生光谱；E_e 为电子能量；E_v 为振动能量；E_r 为转动能量。

后三种能量都是量子化的，它们与光谱有关。双原子分子能级示意如图 2-4 所示。

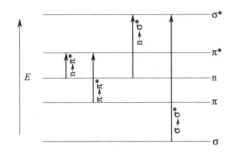

图 2-3　分子轨道的能级和电子跃迁

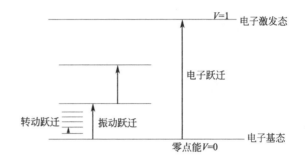

图 2-4　双原子分子能级示意

由图 2-4 可见 $\Delta E_e > \Delta E_v > \Delta E_r$，一般 ΔE_e 大约为 $1 \sim 20 \text{eV}$（$1 \text{eV} = 1.602 \times 10^{-19} \text{J}$），$\Delta E_v$ 大约为 $0.05 \sim 1.0 \text{eV}$，ΔE_e 更小。

三、物质对光的选择性吸收

1. 物质颜色的产生

当一束白光通过某透明溶液时，如果该溶液对可见光区各波长的光都不吸收，即入射光全部通过溶液，这时看到的溶液透明无色。当该溶液对可见光区各种波长的光全部吸收时，此时看到的溶液呈黑色。若某溶液选择性地吸收了可见光区某波长的光，则该溶液即呈现出被吸收光的互补色光的颜色。例如，当一束白光通过 $KMnO_4$ 溶液时，该溶液选择性地吸收了 $500 \sim 560 \text{nm}$ 的绿色光，而将其他的色光两两互补成白光而通过，只剩下紫红色光未被互补，所以 $KMnO_4$ 溶液呈现紫红色。同理，K_2CrO_4 溶液对可见光中的青蓝色光有最大吸收，所以溶液呈青蓝色的互补光——橙色。

2. 物质的吸收光谱曲线

已知溶液呈现不同的颜色，是由于物质溶液对色光的选择性吸收说明溶液的颜色。若要更精确地说明物质具有选择性吸收不同波长范围光的性质，通常用光吸收曲线来描述。吸收光谱曲线是通过实验获得的，将不同波长的光依次通过某一固定浓度和厚度的有色溶液，分别测出它们对各种波长光的吸收程度（用吸光度 A 表示），以波长为横坐标、以吸光度为纵

坐标作图，画出曲线，此曲线即称为该物质的光吸收曲线（或吸收光谱曲线），它描述了物质对不同波长光的吸收程度。图 2-5 所示的是 3 种不同浓度的邻菲咯啉亚铁溶液的 3 条光吸收曲线。

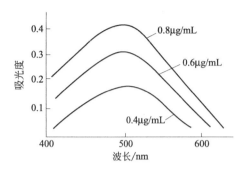

图 2-5　3 种不同浓度的邻菲咯啉亚铁溶液的 3 条光吸收曲线

图 2-5 中，当铁含量分别为 $0.4\mu g/mL$、$0.6\mu g/mL$、$0.8\mu g/mL$ 时，二价铁离子在弱酸性溶液中与邻菲咯啉生成橙红色配合物。在分光光度计上用不同波长的光依次通过 3 种不同浓度的溶液，测得它们的相应吸光度，并测绘出 3 条吸收光谱曲线。

从吸收光谱曲线可以看出，邻菲咯啉亚铁溶液对不同波长的光吸收情况不同，对波长为 630nm 的青色光吸收最多，而对波长在 630nm 以后的光波几乎不吸收。光吸收程度最大处的波长称为最大吸收波长，常以 λ_{max} 表示。在进行光度测定时，通常都是选择在 λ_{max} 的波长处来测量，因为此时可以得到最大的灵敏度。

吸收光谱曲线可以反映物质对光的选择性吸收情况，3 条吸收光谱曲线说明了溶液浓度不同，但光的选择性吸收是相同的，即不同浓度的邻菲咯啉亚铁溶液其吸收光谱曲线形状相似，λ_{max} 也相同，只是浓度大，对光的吸收也相应增大。不同物质的吸收光谱曲线，其形状和最大吸收波长各不相同。因此可以利用吸收光谱曲线作为物质定性分析的依据。

3. 光的吸收定律

（1）朗伯定律

当一束平行的单色光垂直照射到一定浓度的均匀透明溶液时（图 2-6），入射光被溶液吸收的程度与溶液厚度的关系为：

$$\lg \frac{\Phi_0}{\Phi_{tr}} = kb \tag{2-6}$$

式中，Φ_0 为入射光通量；Φ_{tr} 为通过溶液后透射光通量；b 为溶液液层厚度，或称光程长度；k 为比例常数，它与入射光波长、溶液性质、浓度和温度有关。

Φ_{tr}/Φ_0 表示溶液对光的透射程度，称为透射比，用符号 τ 表示。透射比愈大说明透过的光愈多。而 Φ_0/Φ_{tr}，是透射比的倒数，它表示入射光 Φ_0 一定时，透过光通量愈小，即 $\lg \frac{\Phi_0}{\Phi_{tr}}$ 愈大，光吸收愈多。所以 $\lg \frac{\Phi_0}{\Phi_{tr}}$ 表示了单色光通过溶液时被吸收的程度，通常称为吸光度，用 A 表示，即

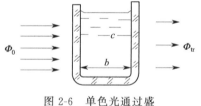

图 2-6　单色光通过盛有溶液的吸收池

$$A = \lg \frac{\Phi_0}{\Phi_{tr}} = \lg \frac{1}{\tau} = -\lg\tau \tag{2-7}$$

（2）比尔定律

当一束平行单色光垂直照射到同种物质不同浓度、相同液层厚度的均匀透明溶液时，入射光通量与溶液浓度的关系为：

$$\lg \frac{\Phi_0}{\Phi_{tr}} = k'c \tag{2-8}$$

式中，k' 为一比例常数，它与入射光波长、液层厚度、溶液性质和温度有关；c 为溶液

浓度。比尔定律表明：当溶液液层厚度和入射光通量一定时，光吸收的程度与溶液浓度成正比。必须指出的是：比尔定律只能在一定浓度范围才适用。因为浓度过低或过高时，溶质会发生电离或聚合而产生误差。

（3）朗伯-比尔定律

当溶液厚度和浓度都可改变时，这时就要考虑两者同时对透射光通量的影响，则有：

$$A = \lg \frac{\Phi_0}{\Phi_{tr}} = \lg \frac{1}{\tau} = -\lg\tau = Kbc \qquad (2-9)$$

式中，K 为比例常数，与入射光的波长、溶液的性质和温度等因素有关。朗伯-比尔定律也称为光吸收定律，是紫外-可见分光光度法进行定量分析的基础。

光吸收定律表述为：当一束平行单色光垂直入射通过均匀、透明的吸光物质的稀溶液时，溶液对光的吸收程度与溶液的浓度及液层厚度的乘积成正比。

（4）吸光系数

在朗伯-比尔数学表达式中，比例常数 K 称为吸光系数，其物理意义是单位浓度的溶液液层厚度为 1cm 时，在一定波长下测得的吸光度。K 值的大小取决于吸光物质的性质、入射光波长、溶液温度和溶剂性质等，与溶液浓度大小和液层厚度无关。但 K 值大小因溶液浓度所采用的单位的不同而异。当溶液的浓度以 g/L、液层厚度以 cm 表示时，相应的比例常数 K 称为质量吸光系数，单位为 L/(g·cm)；当溶液的浓度以 mol/L、液层厚度以 cm 表示时，相应的比例常数 K 称为摩尔吸光系数，以 ε 表示，其单位为 L/(mol·cm)。这样式（2-9）可以改成：

$$A = \varepsilon bc \qquad (2-10)$$

摩尔吸光系数是吸光物质的重要参数之一，它表示物质对某一特定波长光的吸收能力。ε 愈大，表示该物质对某波长光的吸收能力愈强，测定的灵敏度也就愈高。因此，测定时，为了提高分析的灵敏度，通常选择摩尔吸光系数大的有色化合物进行测定，选择具有最大 ε 值波长的光作入射光。一般认为 $\varepsilon < 1 \times 10^4$ L/(mol·cm) 灵敏度较低；ε 在 $(1 \sim 6) \times 10^4$ L/(mol·cm) 属中等灵敏度；$\varepsilon > 6 \times 10^4$ L/(mol·cm) 属高灵敏度。

摩尔吸光系数由实验测得。在实际测量中，不能直接取 1L/mol 这样高浓度的溶液去测量摩尔吸光系数，只能在稀溶液中测量后，换算成摩尔吸光系数。

【例 2-1】 用邻菲啰啉法测定铁，已知显色的试液中含 Fe^{2+} 浓度为 $50\mu g/100mL$，比色皿的厚度为 2cm，在波长 510nm 处测得吸光度为 0.198，计算摩尔吸光系数。已知 $M(Fe) = 55.85$

解
$$c(Fe^{2+}) = \frac{50 \times 10^{-6} \times \frac{1000}{100}}{55.85} = 8.95 \times 10^{-6} \ (mol/L)$$

$$\varepsilon = \frac{A}{bc} = \frac{0.198}{2 \times 8.95 \times 10^{-6}} = 1.1 \times 10^4 \ [L/(mol·cm)]$$

（5）朗伯-比尔吸收定律的应用条件

朗伯-比尔定律不仅适用于紫外光、可见光，也适用于红外光；不仅适用于均匀非散射的液态样品，也适用于微粒分散均匀的固态或气态样品。另外，由于吸光度具有加和性，即在某一波长下，如果样品中几种组分同时能够产生吸收，则样品的总吸光度等于各组分的吸光度之和，即

$$A = A_1 + A_2 + A_3 + \cdots + A_n = \sum_{i=1}^{n} A_i \qquad (2-11)$$

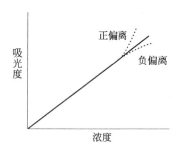

图 2-7 朗伯-比尔定律的偏离示意

因此,该定律即可用于单组分分析,也可用于多组分的同时测定。

应用光吸收定律时必须符合 3 个条件:一是入射光必须为单色光;二是被测样品必须是均匀介质;三是在吸收过程中,吸收物质之间不能发生相互作用。

(6)朗伯-比尔定律的偏离现象

根据朗伯-比尔定律,对于厚度一定的溶液,用吸光度对溶液浓度作图,得到的应该是一条通过原点的直线,即两者之间应呈线性关系。但在实际工作中,吸光度与浓度之间常常偏离线性关系,如图 2-7 所示。这种现象称为偏离朗伯-比尔定律。产生偏离的重要因素有样品溶液因素和仪器因素两类。

第二节 紫外-可见吸收光谱

各种化合物由于组成和结构上的不同都有各自特征的紫外-可见吸收光谱。因此可以从吸收光谱的形状、波峰的位置及强度、波峰的数目等进行定性分析,为研究物质的内部结构提供重要的消息。吸收光谱中利用可见光和紫外光分析研究被测组分的性质和含量的方法分别称为可见分光光度法、紫外-可见分光光度法。

一、紫外-可见吸收光谱

1. 可见吸收光谱

可见吸收光谱也称可见分光光度,是利用测量有色物质对某一单色光吸收程度来进行测定的。可见吸收光谱是将待测组分转变有色化合物以后测定,即"显色"。将待测组分转变成有色化合物的反应称为显色反应;与待测组分形成有色化合物的试剂称为显色剂。在可见分光光度法实验中,选择合适的显色反应,并严格控制反应条件。

可见吸收光谱主要用于微量组分定量测定,也能用于常量组分的测定(利用差示法);可测单组分,也可测多组分;还可用于测定配合物组成及稳定常数;确定滴定终点等。可见吸收光谱分析方法是十分重要的实验技术。

2. 紫外-可见吸收光谱

紫外-可见吸收光谱也称紫外-可见分光光度,它是研究分子吸收 190~750nm 波长范围内的吸收光谱。紫外-可见吸收光谱主要产生与分子价电子在电子能级间的跃迁,是研究物质电子光谱的分析方法。通过测定分子对紫外-可见光的吸收,可以用于鉴定和定量测定大量的无机化合物和有机化合物。

紫外吸收光谱(图 2-8)与可见吸收光谱同属分子光谱,都是由分子中价电子能级跃迁产生的,不过紫外吸收光谱与可见吸收光谱相比,却具有一些突出的特点。它可用来对在紫外光区内有吸收峰的物质进行鉴定和结构分析,虽然这种鉴定和结构分析由于紫外吸收光谱较简单,特征性不强,必须与其他方法(如红外光

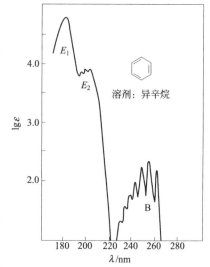

图 2-8 苯的紫外吸收光谱

谱、核磁共振波谱和质谱等）配合使用，才能得出可靠的结论，但它还是能提供分子中具有助色团、生色团和共轭程度的一些信息，这些信息对于有机化合物的结构推断往往恰是很重要的。紫外分光光度法可以测定在近紫外光区有吸收的无色透明的化合物，而不像可见光光度法那样需要加显色剂显色后再测定，因此它的测定方法简便且快速。由于具有 π 电子和共轭双键的化合物，在紫外光区会产生强烈的吸收，其摩尔吸光系数可达 $10^4 \sim 10^5$，因此紫外分光光度法的定量分析具有很高的灵敏度和准确度，可测至 $10^{-4} \sim 10^{-7} \, g/mL$，相对误差可达 1% 以下。因而它在定量分析领域有广泛的应用。

紫外吸收光谱与可见吸收光谱一样，常用吸收光谱曲线来描述。即用一束具有连续波长的紫外光照射一定浓度的样品溶液，分别测量不同波长下溶液的吸光度，以吸光度对波长作图得到该化合物的紫外吸收光谱。

二、有机化合物分子的电子跃迁

有机化合物的紫外-可见吸收光谱是由于构成分子的原子的外层价电子跃迁所产生的，电子跃迁与分子的组成、结构以及溶剂等因素有关。

电子跃迁的类型如下所述。

原子形成分子的过程中，两个原子轨道可组合形成两个分子轨道，其中能量较低的轨道为成键轨道（如 σ 成键轨道、π 成键轨道），能量较高的轨道为反键轨道（如 σ^* 反键轨道、π^* 反键轨道）。如果原子轨道没有成键，称为非键轨道（如非键 n 轨道）。有机化合物分子中有 3 类电子：形成单键的 σ 电子、形成不饱和键的 π 电子和未成键的 n 电子。

分子中的价电子在各自的轨道上运动，但在得到能量后可以从低能量轨道跃迁到高能量轨道。有机化物分子中通常有五种轨道，图 2-9 表明了各种电子轨道能量的高低及电子跃迁的类型。

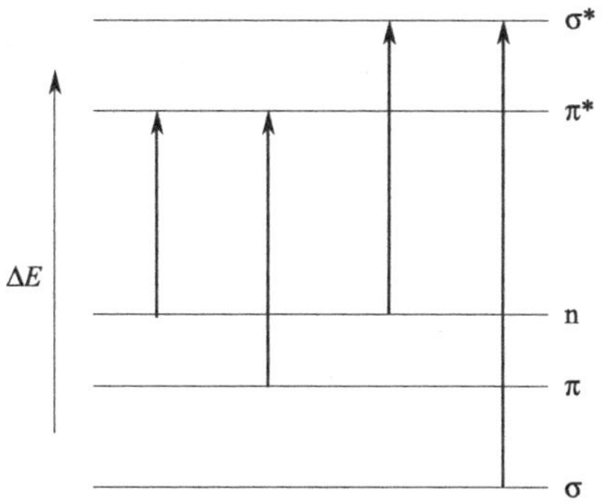

如图 2-9 所示，跃迁所需能量的大小顺序为：

$$\Delta E_{\sigma \to \sigma^*} > \Delta E_{n \to \sigma^*} > \Delta E_{\pi \to \pi^*} > \Delta E_{n \to \pi^*}$$

（1）$\sigma \to \sigma^*$ 跃迁

它是 σ 电子从 σ 成键轨道向 σ^* 反键轨道的跃迁，这是所有有机化合物都可以发生的跃迁类型。实现 $\sigma \to \sigma^*$ 跃迁所需的能量在所有跃迁类型中最大，因而所吸收的辐射的波长最短，处在小于 200nm 的真空紫外区。如甲烷的 λ_{max} 为 125nm，乙烷的为 135nm。

（2）$n \to \sigma^*$ 跃迁

它是非键的 n 电子从非键轨道向 σ^* 反键轨道的跃

图 2-9　电子能级及电子跃迁示意

迁。含有杂原子（如 N、O、S、P 和卤素原子）的有机化合物都会发生这类跃迁。$n \to \sigma^*$ 跃迁所要的能量比 $\sigma \to \sigma^*$ 跃迁小，所以吸收的波长会长一些，λ_{max} 可在 200nm 附近。

（3）$\pi \to \pi^*$ 跃迁

它是 π 电子从 π 成键轨道向 π^* 反键轨道的跃迁。含有不饱和键的有机化合物都会发生 $\pi \to \pi^*$ 跃迁。$\pi \to \pi^*$ 跃迁所需的能量比 $\sigma \to \sigma^*$、$n \to \sigma^*$ 跃迁小，所以吸收辐射的波长比较大，一般在 200nm 附近，摩尔吸光系数都比较大，通常在 $1 \times 10^4 \, L/(mol \cdot cm)$ 以上。

（4）$n \to \pi^*$ 跃迁

它是 n 电子从非键轨道向 π^* 反键轨道的跃迁。含有不饱和杂原子基团如 $\diagup C{=}O$、

—NO₂的有机物分子中既有 π 电子，又有 n 电子，可以发生这类跃迁。n→π* 跃迁所需的能量最低，因此吸收辐射的波长最长，一般都在近紫外光区，甚至可见光区。n→π* 跃迁的摩尔吸光系数比较小，一般为 10～100L/(mol·cm)，比 π→π* 跃迁小 2～3 个数量级。摩尔吸光系数的显著差别，是区别 π→π* 跃迁和 n→π* 跃迁的方法之一。

三、一些基本概念

1. 常用术语

（1）生色团和助色团

一般指含有 π 键的结构单元称为生色团。如乙烯基（$\diagup C\!=\!C \diagdown$）、乙炔基（—C≡C—）、羰基（$\diagdown C\!=\!O$）、亚硝基（—N=O）、偶氮基（—N=N—）、腈基（—C≡N）等。这类基团可引起 π→π* 或 n→π* 跃迁。

一般指含有未共用电子对的杂原子基团称为助色团，如—NH₂、—OH、—NR₂、—OR、—SH、—SR、—Cl、—Br 等。它们本身没有生色功能，不能吸收 λ>200nm 的光，但当它们与生色团相连时，基团中的 n 电子能与生色团中的 π 电子发生 n-π 共轭作用，使 π→π* 跃迁能量降低，跃迁概率变大，从而增强生色团的生色能力，使吸收波长向长波方向移动，并且吸收强度增加。

（2）红移和紫移

在有机化合物中，常常因取代基的变更或溶剂的改变，使其吸收带的最大吸收波长 λ_{max} 发生移动。向长波方向移动称为红移，向短波方向移动称为紫移。

（3）溶剂效应

在不同溶剂中谱带产生的位移称为溶剂效应，这是由于不同极性的溶剂对基态或激发态样品分子的生色团作用不同，或稳定化程度不同所致，如图 2-10 所示。

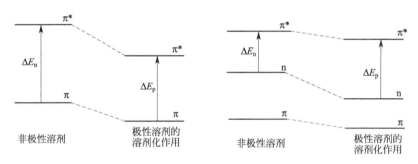

图 2-10　溶剂对 π→π*、n→π* 的影响

例如，异亚丙基丙酮在不同极性溶剂中的吸收波长，随着极性增加，π→π* 跃迁的吸收波长变大，n→π* 跃迁的吸收波长变小（表 2-2）。

表 2-2　溶剂对异亚丙基丙酮紫外吸收光谱的影响

溶　　剂	异辛烷	氯仿	甲醇	水
π→π* λ_{max}/nm	235	238	237	243
n→π* λ_{max}/nm	321	315	309	305

2. 吸收带

吸收带指吸收峰在紫外光谱中的波带位置，根据电子和分子轨道的种类，可把吸收带分为 4 个类型，见表 2-3 所列。

表 2-3　吸收带的 4 种类型

吸收带类型	跃迁类型	ε_{max}	吸收峰特征	实　例
R	$n \to \pi^*$	$\leqslant 100$	弱	羰基、硝基
K	$\pi \to \pi^*$	$\geqslant 10000$	很强	共轭烯
B	$\pi \to \pi^*$	$250 \sim 3000$	多重吸收带	苯、苯同系物
E	$\pi \to \pi^*$	$2000 \sim 10000$	强	芳环中的 C═C

（1）R 吸收带

R 带是由化合物的 $n \to \pi^*$ 跃迁产生的吸收带，它具有杂原子和双键的共轭基团。例如：

$\diagdown$C═O，—NO，—NO$_2$，—N═N—，$\diagdown$C═S 等。其特点是：$n \to \pi^*$ 跃迁的能量最小，处于长波方向，一般 λ_{max} 在 270nm 以上，但跃迁概率小，吸收强度弱，一般 $\varepsilon < 100$L/(mol·cm)。例如：CH_3NO_2，$\lambda_{max} = 280$nm，$\varepsilon_{max} = 22$。

（2）K 吸收带

K 带是由共轭体系中 $\pi \to \pi^*$ 跃迁产生的吸收带。其特点是：吸收峰的波长比 R 带短，一般 $\lambda_{max} \geqslant 200$nm，但跃迁概率大，吸收峰强度大，一般 $\varepsilon > 10^4$L/(mol·cm)，随着共轭体系的增长，π 电子云束缚更小，引起 $\pi \to \pi^*$ 跃迁需要的能量更小，K 带吸收向长波方向移动。K 吸收带是共轭分子的特征吸收带，借此可判断化合物中的共轭结构。这是紫外光谱中应用最多的吸收带。例如，丁二烯 $\lambda_{max} = 217$nm，$\varepsilon_{max} = 10^4$；豆醛 $\lambda_{max} = 217.5$nm，$\varepsilon_{max} = 1.5 \times 10^4$。

（3）B 吸收带

B 带是由苯环本身振动及闭合环状共轭双键 $\pi \to \pi^*$ 跃迁而产生的吸收带，是芳香族（包括杂环芳香族）的主要特征吸收带。其特点是：在 $230 \sim 270$nm 呈现一宽峰，且具有精细结构，$\lambda_{max} = 255$nm，ε_{max} 约 200，属弱吸收，常用来识别芳香族化合物。但在极性溶剂中测定或苯环上有取代基时，精细结构消失。

（4）E 吸收带

E 带也是芳香族化合物的特征吸收谱带，可以认为是苯环内 3 个乙烯基共轭发生的 $\pi \to \pi^*$ 跃迁所发生的。E 带可分为 E_1 和 E_2 两个吸收带。E_1 带 $\lambda_{max} = 184$nm（$\varepsilon > 10^4$）；E_2 带 $\lambda_{max} = 204$nm（$\varepsilon < 7900$），都属强吸收。E_1 带是观察不到的，当苯环上有生色团取代且与苯环共轭时，E_2 带常与 K 带合并，吸收峰向长波移动，例如苯乙酮 K 带：$\lambda_{max} = 240$nm，$\varepsilon = 13000$；B 带：$\lambda_{max} = 278$nm，$\varepsilon = 1100$；R 带：$\lambda_{max} = 319$nm，$\varepsilon = 50$。

四、无机化合物分子的电子跃迁

产生无机化合物紫外、可见吸收光谱的电子跃迁形式，一般分为两大类：电荷迁移跃迁和配位场跃迁。

（1）电荷迁移跃迁

无机配合物有电荷迁移跃迁产生的电荷迁移吸收光谱。在配合物的中心离子和配位体中，当一个电子由配体的轨道跃迁到与中心离子相关的轨道上时，可产生电荷迁移吸收光谱。不少过渡金属离子与含生色团的试剂反应所生成的配合物以及许多水合无机离子，均可产生电荷迁移跃迁。

此外，一些具有 d^{10} 电子结构的过渡元素形成的卤化物及硫化物，如 AgBr、HgS 等，也是由于这类跃迁而产生颜色。

电荷迁移吸收光谱出现的波长位置，取决于电子给予体和电子接受体相应电子轨道的能量差。例如，SCN^-电子亲和力比Cl^-小，Fe^{3+}-SCN^-配合物的最大吸收波长大于Fe^{3+}-Cl^-配合物，前者在可见光区，后者在紫外区。

（2）配位场跃迁

配位场跃迁包括d-d跃迁和f-f跃迁。元素周期表中第四、五周期的过渡金属元素分别含有3d和4d轨道，镧系和锕系元素分别含有4f和5f轨道。在配体的存在下，过渡元素5个能量相等的d轨道和镧系元素7个能量相等的f轨道分别分裂成几组能量不等的d轨道和f轨道。当它们的离子吸收光能后，低能态的d电子或f电子可以分别跃迁至高能态的d或f轨道，这两类跃迁分别称为d-d跃迁和f-f跃迁。由于这两类跃迁必须在配体的配位场作用下才可能发生，因此又称为配位场跃迁。

配位体的配位场越强，d轨道分裂能就越大，吸收峰波长就越短。例如，H_2O的配位场强度小于NH_3的配位场强度，所以Cu^{2+}的水合离子呈浅蓝色，吸收峰794nm处，而它的氨合离子呈深蓝色，吸收峰在663nm处。

一些常见配位体配位场强弱顺序为：

$I^- < Br^- < Cl^- < OH^- < C_2O_4^{2-} = H_2O < SCN^- <$ 吡啶 $= NH_3 <$ 乙二胺 $<$ 联吡啶 $<$ 邻二氮菲 $< NO^{2-} < CN^-$

第三节　紫外-可见分光光度计

分光光度计按使用波长范围可分为可见分光光度计和紫外-可见分光光度计两类。前者使用波长范围是$400 \sim 780$nm，后者使用波长范围是$200 \sim 780$nm。可见分光光度计只能测量有色溶液的吸光度，而紫外-可见分光光度计可测定在紫外、可见有吸收物质的吸光度。

一、仪器的基本组成

紫外-可见分光光度计的基本结构是由5个部分组成，即光源、单色器、吸收池、检测器和信号处理及显示系统，示意如图2-11所示。

图 2-11　紫外-可见分光光度计的基本结构示意

1. 光源

对光源的基本要求是应在仪器操作所需的光谱区域内能够发射连续辐射、有足够的辐射强度和良好的稳定性，而且辐射能量随波长的变化应尽可能小。

分光光度计中常用的光源有热辐射光源和气体放电光源两类。热辐射光源用于可见光区，如钨丝灯和卤钨灯；气体放电光源用于紫外光区，如氢灯和氘灯。钨灯和碘钨灯可使用的范围在$340 \sim 2500$nm。这类光源的辐射能量与施加的外加电压有关，在可见光区，辐射的能量与工作电压4次方成正比。

光电流与灯丝电压的n次方（$n > 1$）成正比。因此必须严格控制灯丝电压，仪器必须配有稳压装置。

在近紫外区测定时常用氢灯和氘灯。它们可在$160 \sim 375$nm范围内产生连续光源。氘灯的灯管内充有氢的同位素氘，它是紫外光区应用最广泛的一种光源，其光谱分布与氢灯类似，但光强度比相同功率的氢灯要大 3～5 倍。

2. 单色器

单色器是能从光源辐射的复合光中分出单色光的光学装置，其主要功能：产生光谱纯度高的波长且波长在紫外可见区域内任意可调。

单色器一般由入射狭缝、准直系统（透镜或凹面反射镜使入射光成平行光）、色散元件、聚焦元件和出射狭缝等几部分组成，如图 2-12(a)。其核心部分是色散元件，起分光的作用。单色器的性能直接影响入射光的单色性，从而也影响到测定的灵敏度、选择性及校准曲线的线性关系等。

能起分光作用的色散元件主要是棱镜和光栅。棱镜有玻璃和石英两种材料。它们的色散原理是依据不同的波长光通过棱镜时有不同的折射率而将不同波长的光分开。由于玻璃可吸收紫外光，所以玻璃棱镜只能用于 350～3200nm 的波长范围，即只能用于可见光域内。石英棱镜可使用的波长范围较宽，为 185～4000nm，即可用于紫外、可见和近红外三个光域。

光栅是利用光的衍射与干涉作用制成的，如图 2-12(b) 所示。它可用于紫外、可见及红外光域，而且在整个波长区具有良好的、几乎均匀一致的分辨能力。它具有色散波长范围宽、分辨本领高、成本低、便于保存和易于制备等优点。缺点是各级光谱会重叠而产生干扰。入射、出射狭缝，透镜及准光镜等光学元件中狭缝在决定单色器性能上起重要作用。狭缝的大小直接影响单色光纯度，但过小的狭缝又会减弱光强。

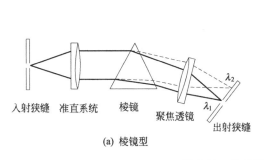 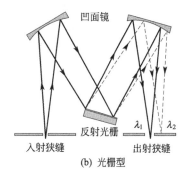

图 2-12 单色器结构示意

3. 吸收池

吸收池用于盛放分析试样，一般有石英和玻璃材料两种。石英池适用于可见光区及紫外光区，玻璃吸收池只能用于可见光区。为减少光的损失，吸收池的光学面必须完全垂直于光束方向。在高精度的分析测定中（紫外区尤其重要），吸收池要挑选配对。因为吸收池材料的本身吸光特征以及吸收池的光程长度的精度等对分析结果都有影响。

4. 检测器

检测器的功能是检测信号、测量单色光透过溶液后光强度变化的一种装置。常用的检测器有光电池、光电管和光电倍增管等。光电管在紫外-可见分光光度计上应用较为广泛，光电倍增管是检测微弱光最常用的光电元件，它的灵敏度比一般的光电管要高 200 倍，因此可使用较窄的单色器狭缝，从而对光谱的精细结构有较好的分辨能力。光电管和光电倍增管结构示意如图 2-13 和图 2-14 所示。

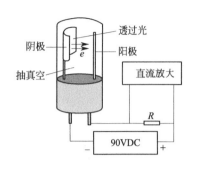

图 2-13　光电管结构示意

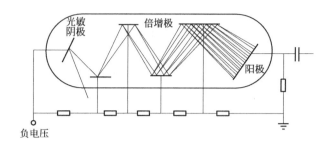

图 2-14　光电倍增管结构示意

5. 信号处理及显示系统

它的作用是放大信号并以适当方式指示或记录下来。常用的信号指示装置有直读检流计、电位调节指零装置以及数字显示或自动记录装置等。很多型号的分光光度计装配有微处理机，一方面可对分光光度计进行操作控制，另一方面可进行数据处理。

二、仪器的类型

紫外-可见分光光度计的类型很多，但可归纳为 3 种类型，即单光束分光光度计、双光束分光光度计和双波长分光光度计。

1. 单光束分光光度计

经单色器分光后的一束平行光，轮流通过参比溶液和样品溶液，以进行吸光度的测定。这种简易型分光光度计结构简单，操作方便，维修容易，适用于常规分析。

2. 双光束分光光度计

经单色器分光后由反射镜分解为强度相等的两束光，一束经过 M_1 通过参比池，一束经过 M_2 通过样品池，如图 2-15 所示。光度计能自动比较两束光的强度，此比值即为试样的

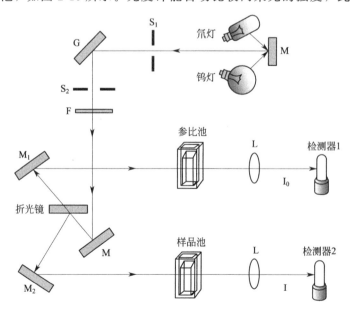

图 2-15　双光束分光光度计光路示意

M—反光镜；S_1—入射狭缝；S_2—出射狭缝；G—衍射光栅；F—滤光片；L—聚光镜

透射比，经对数变换将它转换成吸光度并作为波长的函数记录下来。双光束分光光度计一般都能自动记录吸收光谱曲线。由于两束光同时分别通过参比池和样品池，还能补偿光源和检测系统的不稳定性。

3. 双波长分光光度计

由同一光源发出的光被分成两束，分别经过两个单色器，得到两束不同波长（λ_1 和 λ_2）的单色光，利用切光器使两束光以一定的频率交替照射同一吸收池，然后经过光电倍增管和电子控制系统，最后由显示器显示出两个波长处的吸光度差值 ΔA（$\Delta A = A_{\lambda_1} - A_{\lambda_2}$）。双波长分光光度计光路如图 2-16 所示。

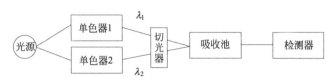

图 2-16 双波长分光光度计光路示意

第四节 紫外-可见吸收光谱法的应用

吸收光谱法也称为分光光度法，是一种被广泛应用的定量分析方法，也是对物质进行定性分析和结构分析的一种手段。分光光度法分为可见分光光度法、紫外-可见分光光度法，后者较前者应用范围更为广泛。对于可见分光光度法因方法基本和紫外-可见分光光度法类似，本节就不详述了，可参考紫外-可见分光光度法进行分析和检测。

一、定性分析

紫外-可见分光光度法可用于有机化合物的鉴定、结构推断和纯度检验。但由于紫外-可见光谱较为简单，光谱信息少，特征性不强，而且不少简单官能团在近紫外及可见光区没有吸收或吸收很弱，因此，这种方法的应用有较大的局限性。

1. 未知化合物的定性鉴定

不同化合物往往在吸收光谱的形状、吸收峰的数目、位置和相应的摩尔吸光系数等方面表现出特征性，是定性鉴定的光谱依据，可采用光谱比较法进行定性鉴定。通常是在相同条件下，测定未知物和已知标准物的吸收光谱，并进行图谱对比，如果两者的图谱完全一致，则可初步认为待测物与标准物为同一种物质。如果没有标准物，可借助紫外-可见标准图谱或有关电子光谱数据资料进行比较。

2. 有机化合物的结构推断

紫外-可见分光光度法可以进行化合物某些特征基团的判别。若在 200～760nm 区域内无吸收峰，则可能是直链烷烃、环烷烃、饱和脂肪族化合物或仅含一个双键的烯烃；若在 270～300nm 间有弱的吸收峰，$\varepsilon = 10 \sim 100 L/(mol \cdot cm)$，且随溶剂极性增大而发生蓝移，则说明分子内含有羰基；若在 184nm 附近有强吸收带（E_1 带）、在 204nm 附近有中强吸收带（E_2 带）、在 260nm 附近有弱吸收带且有精细结构（B 带），说明含有苯环。例外还可用于共轭体系及异构体的判断。

3. 化合物的纯度检验

如果某化合物在紫外区没有明显吸收峰，而其中的杂质有较强吸收峰，就能方便地检出该化合物中是否含有杂质。例如苯在256nm处产生B吸收带，而甲醇或乙醇在该处几乎没有吸收带，因此，要检验甲醇或乙醇中是否含有苯，可观察在256nm处是否有吸收带确定其中是否含有杂质苯。又如要检验四氯化碳中是否含有二硫化碳，只要观察四氯化碳谱图中是否在318nm出现吸收峰即可。

二、定量分析

紫外可见分光度法常用于定量分析，根据测定波长的范围可分为可见分光光度定量分析法和紫外分光光度定量分析法。前者用于有色物质的测定，后者用于有紫外吸收的物质的测定，两者的测定原理和步骤相同，通过测定溶液对一定波长入射光的吸光度，依据朗伯-比尔定律，就可求出溶液中物质的浓度和含量。

1. 单组分的定量分析

如果只要求测定某一个试样中一种组分，且在选定的测量波长下，其他组分没有吸收即对该组分不干扰，则这种单组分的定量分析较为简单。

（1）吸光系数法

在测定条件下，如果待测组分的吸光系数已知，可以通过测定溶液的吸光度，直接根据朗伯-比尔定律，求出组分的浓度或含量。

【例2-2】 已知维生素 B_{12} 的在361nm处的质量吸光系数为20.7L/(g·cm)。精密称取样品30.0mg，加水溶解后稀释至1000mL，在该波长处用1.00cm吸收池测定溶液的吸光度为0.618，计算样品溶液中维生素 B_{12} 的质量分数。

解 根据朗伯-比尔定律，$A=abc$，待测溶液中维生素 B_{12} 的质量浓度为：

$$c_{测} = \frac{A}{ab} = \frac{0.618}{20.7 \times 1.00} = 0.0299 \text{（g/L）}$$

样品中维生素 B_{12} 的质量分数为：

$$w(\%) = \frac{c_{测}}{c_{样品}} = \frac{0.0299}{30.0 \times 10^{-3}} \times 100\% = 99.5\%$$

（2）标准对照法

这种方法是用一个已知浓度的标准溶液（c_s），在一定条件下，测得其吸光度 A_s，然后在相同条件下测得试液 c_x 的吸光度 A_x，设试液、标准溶液完全符合朗伯-比尔定律，则：

$$c_x = \frac{A_x}{A_s} \times c_s \tag{2-12}$$

使用这方法要求：c_x 与 c_s 浓度应接近，且都符合吸收定律。标准对照法适于个别样品的测定。

（3）标准曲线法

这是实际分析工作中最常用的一种方法。配制一系列不同浓度的标准溶液，以不含被测组分的空白溶液为参比溶液，测定标准系列溶液的吸光度，以吸光度 A 为纵坐标，浓度 c 为横坐标，绘制吸光度-浓度曲线，称为标准曲线（也叫工作曲线或校正曲线）。在相同条件下测定试样溶液的吸光度，从校正曲线上找出与之对应的未知组分的浓度。实际工作中，为了避免使用时出差错，在所做的工作曲线上还必须标明标准曲线的名称、所用标准溶液（或标样）名称和浓度、坐标分度和单位、测量条件等信息。

工作曲线可以用一元线性方程表示，即

$$y = a + bx \tag{2-13}$$

式中，a、b 为回归系数，其中 a 为直线的截距；b 为直线的斜率。标准曲线线性的好坏可用回归方程的线性相关系数来表示，r 接近于 1 说明线性好，一般要求 r 大于 0.999。

b 为直线斜率，可由式(2-14) 求出：

$$b = \frac{\sum\limits_{i=1}^{n}(x_i - \overline{x})(y_i - \overline{y})}{\sum\limits_{i=1}^{n}(x_i - \overline{x})^2} \tag{2-14}$$

式中，$\overline{x}$、$\overline{y}$ 分别为 x 和 y 的平均值；x_i 为第 i 个点的标准溶液的浓度；y_i 为第 i 个点的吸光度（以下相同）。

a 为直线的截距，可由式(2-15) 求出：

$$a = \frac{\sum\limits_{i=1}^{n}y_i - b\sum\limits_{i=1}^{n}x_i}{n} = \overline{y} - b\overline{x} \tag{2-15}$$

工作曲线线性的好坏可以用回归直线的相关系数来表示，相关系数 γ 可用式(2-16) 求得：

$$\gamma = b \times \sqrt{\frac{\sum\limits_{i=1}^{n}(x_i - \overline{x})^2}{\sum\limits_{i=1}^{n}(y_i - \overline{y})^2}} \tag{2-16}$$

【例 2-3】 以邻二氮菲为显色剂，采用标准曲线法测定微量 Fe^{2+}。实验得到标准溶液和样品的浓度及吸光度数据，试确定样品的浓度。

溶　　液	标准 1	标准 2	标准 3	标准 4	标准 5	标准 6	样品
浓度 $c/\times 10^5 (mol/L)$	1.00	2.00	3.00	4.00	6.00	8.00	c_x
吸光度 A	0.113	0.212	0.336	0.434	0.669	0.868	0.712

解 设直线回归方程为 $y = a + bx$，则得

$$\overline{x} = 4.00, \quad \overline{y} = 0.439$$

计算得 $\sum\limits_{i=1}^{n}(x_i - \overline{x}) \cdot (y_i - \overline{y}) = 3.71$

$$\sum\limits_{i=1}^{n}(x_i - \overline{x})^2 = 34 \qquad \sum\limits_{i=1}^{n}(y_i - \overline{y})^2 = 0.405$$

则

$$b = \frac{\sum\limits_{i=1}^{n}(x_i - \overline{x}) \cdot (y_i - \overline{y})}{\sum\limits_{i=1}^{n}(x_i - \overline{x})^2} = \frac{3.71}{34} = 0.109$$

$$a = \overline{y} - b\overline{x} = 0.439 - 4 \times 0.109 = 0.003$$

得直线回归方程：　　　　　　　$y = 0.003 + 0.109x$

相关系数：　　$\gamma = b\sqrt{\dfrac{\sum\limits_{i=1}^{n}(x_i - \overline{x})^2}{\sum\limits_{i=1}^{n}(y_i - \overline{y})^2}} = 0.109 \times \sqrt{\dfrac{34}{0.405}} = 0.999$

可见实验所做的工作曲线线性符合要求。

由回归方程得 $\qquad A_x = 0.003 + 0.109 c_x$

故 $\qquad c_x = \dfrac{A_x - 0.003}{0.109} = \dfrac{0.712 - 0.003}{0.109} = 6.50$

因此，样品的浓度为 6.50×10^{-5}

2. 多组分的定量分析

根据吸光度具有加和性的特点，在同一试样中可以同时测定两个或两个以上组分。假设要测定试样中的两个组分 x、y，需要先测定两种纯组分的吸收光谱，对比其最大吸收波长，并计算出对应的吸光系数。两种纯组分的吸收光谱可能有以下 3 种情况（图 2-17）。

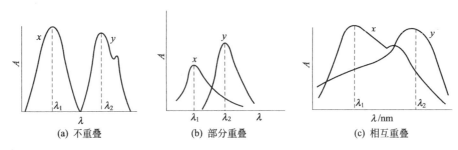

(a) 不重叠　　　　　　　(b) 部分重叠　　　　　　　(c) 相互重叠

图 2-17　混合组分的吸收光谱

（1）吸收光谱不重叠

根据图 2-17(a) 的比较结果，表明两组分互不干扰，可以用测定单组分的方法分别在 λ_1、λ_2 处测定 x、y 两组分。

（2）吸收光谱部分重叠

比较图 2-17(b) 中两种组分的吸收光谱，表示 x 组分对 y 组分的测定有干扰，而 y 组分对 x 组分的测定没有干扰。首先测定纯物质 x 和 y 分别在 λ_1、λ_2 处的吸光系数 $\varepsilon_{\lambda_1}^x$、$\varepsilon_{\lambda_1}^y$、$\varepsilon_{\lambda_2}^x$ 和 $\varepsilon_{\lambda_2}^y$，再单独测量混合组分溶液在 λ_1 处的吸光度 $A_{\lambda_1}^x$，求得组分 x 的浓度 c_x。然后在 λ_2 处测量混合溶液的吸光度 $A_{\lambda_2}^{x+y}$，根据吸光度的加和性，即得

$$A_{\lambda_2}^{x+y} = A_{\lambda_2}^x + A_{\lambda_2}^y = \varepsilon_{\lambda_2}^x b c_x + \varepsilon_{\lambda_2}^y b c_y$$

可求出组分 y 的浓度。

（3）吸收光谱相互重叠

从图 2-17(c) 中看出，两组分在 λ_1、λ_2 处都有吸收，两组分彼此互相干扰。在这种情况下，需要首先测定纯物质 x 和 y 分别在 λ_1、λ_2 处的吸光系数 $\varepsilon_{\lambda_1}^x$、$\varepsilon_{\lambda_1}^y$、$\varepsilon_{\lambda_2}^x$ 和 $\varepsilon_{\lambda_2}^y$，再分别测定混合组分溶液在 λ_1、λ_2 处溶液的吸光度 $A_{\lambda_1}^{x+y}$ 及 $A_{\lambda_2}^{x+y}$，然后列出联立方程：

$$A_{\lambda_1}^{x+y} = \varepsilon_{\lambda_1}^x b c_x + \varepsilon_{\lambda_1}^y b c_y$$
$$A_{\lambda_2}^{x+y} = \varepsilon_{\lambda_2}^x b c_x + \varepsilon_{\lambda_2}^y b c_y \qquad (2-17)$$

求得 c_x、c_y 分别为：

$$c_x = \frac{\varepsilon_{\lambda_2}^y A_{\lambda_1}^{x+y} - \varepsilon_{\lambda_1}^y A_{\lambda_2}^{x+y}}{(\varepsilon_{\lambda_1}^x \varepsilon_{\lambda_2}^y - \varepsilon_{\lambda_2}^x \varepsilon_{\lambda_1}^y) b}$$

$$c_y = \frac{\varepsilon_{\lambda_1}^x A_{\lambda_1}^{x+y} - \varepsilon_{\lambda_2}^x A_{\lambda_2}^{x+y}}{(\varepsilon_{\lambda_1}^y \varepsilon_{\lambda_2}^x - \varepsilon_{\lambda_2}^y \varepsilon_{\lambda_1}^x) b} \qquad (2-18)$$

如果有 n 个组分的光谱互相干扰，就必须在 n 个波长处分别测定吸光度的加和值，然后解 n 元一次方程以求出各组分的浓度。应该指出，这将是烦琐的数学处理，且 n 越多，结果的准确性越差。用计算机处理测定结果将使运算变得简单。

【例 2-4】　1.00×10^{-3} mol/L 的 $K_2Cr_2O_7$ 溶液及 1.00×10^{-4} mol/L 的 $KMnO_4$ 溶液在 450nm 波长处的吸光度分别为 0.200 及 0，而在 530nm 波长处的吸收分别为 0.050 及 0.420。今测得两者混合溶液 450nm 和 530nm 波长处的吸光度为 0.380 和 0.710。试计算该混合溶液中 $K_2Cr_2O_7$ 和 $KMnO_4$ 浓度（吸收池厚度为 1cm）。

解　设 $K_2Cr_2O_7$ 和 $KMnO_4$ 的浓度分别为 c_x 和 c_y，根据朗伯-比尔定律，两者在 450nm 和 530nm 处的吸光系数分别为：

$$\varepsilon_{450}^{x} = \frac{0.200}{1.00 \times 10^{-3} \times 1.00} = 2.00 \times 10^2 [L/(mol \cdot cm)]$$

$$\varepsilon_{530}^{x} = \frac{0.050}{1.00 \times 10^{-3} \times 1.00} = 50.00 [L/(mol \cdot cm)]$$

$$\varepsilon_{450}^{y} = 0$$

$$\varepsilon_{530}^{y} = \frac{0.420}{1.00 \times 10^{-4} \times 1.00} = 42.0 \times 10^3 [L/(mol \cdot cm)]$$

$$c_x = \frac{0.380}{2.00 \times 10^2 \times 1.00} = 1.90 \times 10^{-3} (mol/L)$$

$$c_y = \frac{50.00 \times 0.380 - 2.00 \times 10^2 \times 0.710}{(0 - 4.20 \times 10^3 \times 2.00 \times 10^2) \times 1.00} = 1.46 \times 10^{-4} (mol/L)$$

第五节　红外吸收光谱法

红外光谱在可见光区和微波区之间，其波长范围约为 $0.75 \sim 1000 \mu m$。根据实验技术和应用的不同，通常将红外光谱划分为 3 个区域，见表 2-4 所列。

表 2-4　红外光区的划分

区　域	波长 $\lambda/\mu m$	波数 ν/cm^{-1}	能级跃迁类型
近红外光区	$0.75 \sim 2.5$	$13300 \sim 4000$	分子化学键振动的倍频和组合频
中红外光区	$2.5 \sim 25$	$4000 \sim 400$	化学键振动的基频
远红外光区	$25 \sim 1000$	$400 \sim 10$	骨架振动、转动

其中，远红外光谱是由分子转动能级跃迁产生的转动光谱；中红外和近红外光谱是由分子振动能级跃迁产生的振动光谱。由于只有简单的气体或气态分子才能产生纯转动光谱，而对于大量复杂的气、液、固态物质分子主要产生振动光谱。所以目前广泛用于化合物定性、定量和结构分析以及其他化学过程研究的红外吸收光谱，主要是指波长处于中红外光区的振动光谱。

如用一种仪器把物质对红外光的吸收情况记录下来，就得到该物质的红外吸收光谱图。由于物质对红外光具有选择性的吸收，因此，不同的物质便有不同的红外吸收光谱图，可以从未知物质的红外吸收光谱图来求证该物质是何种物质。这就是红外光谱定性的依据。

一、基本原理

1. 红外光谱产生的原因

红外光照射的能量可以引起化合物中化学键振动能级和转动能级的跃迁，从而产生红外吸收光谱。而红外光谱法主要研究的是分子中原子的相对振动，也可归结为化学键的振动。不同的化学键或官能团，其振动能级从基态跃迁到激发态所需要的能量是不同的，因此要吸收不同波长的红外光。

当一定波长的红外光照射物质的分子时，若辐射能等于振动基态的能级与第一振动激发态的能级之间的能量差时，则分子便吸收红外光，由振动基态跃迁到第一振动激发态。分子吸收红外光后，能引起辐射光强度的改变，又由于不同分子吸收不同波长的红外光，因此在不同波长处出现吸收峰，从而形成了红外吸收光谱。由上述可知，红外光谱产生的原因主要是因为分子的振动，一般把分子的振动方式分为化学键的伸缩振动和变形振动两大类。

（1）伸缩振动

伸缩振动是指原子沿键轴方向伸缩，使键长发生变化而键角不变的振动，用符号 ν 表示。伸缩振动又可分为对称伸缩振动（ν_s）和不对称伸缩振动（ν_{as}）。对称伸缩振动指振动时各键同时伸长或缩短；不对称伸缩振动是指振动时某些键伸长，某些键则缩短。

（2）变形振动

变形振动是指键角发生周期性变化而键长不变的振动，也称之为弯曲振动。可分为面内变形振动、面外变形振动及对称和不对称变形振动等形式。

变形振动在由几个原子所构成的平面内进行，称为面内变形振动。面内变形振动可分为两种：一是剪式振动（δ），在振动过程中键角的变化类似于剪刀的开和闭；二是面内摇摆振动（ρ），基团作为一个整体，在平面内摇摆。

变形振动在垂直于由几个原子所组成的平面外进行，称为面外变形振动。面外变形振动可分为两种：一是面外摇摆振动（ω），两个原子同时向面上或面下的振动；二是卷曲振动（τ），一个原子向面上、另一个原子向面下的振动。各种振动形式如图 2-18 所示。

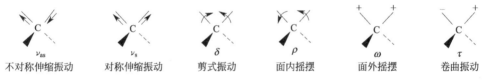

不对称伸缩振动　　对称伸缩振动　　剪式振动　　面内摇摆　　面外摇摆　　卷曲振动

图 2-18　亚甲基的各种振动形式

AX_3 基团的分子变形振动还有对称和不对称之分：对称变形振动（δ_s）中，3 个 AX 键与轴线组成的夹角对称地增大或缩小，形如伞式的开闭，所以也称之为伞式振动；不对称变形振动（δ_{as}）中，2 个夹角缩小，1 个夹角增大，或相反。AX_3 基团的分子变形振动如图 2-19 所示。

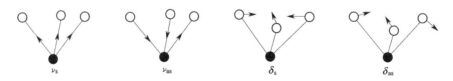

图 2-19　甲基的各种振动形式

2. 红外光谱产生的条件

并不是所有的振动形式都能产生红外吸收。经过实验证明，红外光照射分子，引起振动能级的跃迁，从而产生红外吸收光谱，必须具备以下条件。

　　① 红外辐射应具有恰好能满足能级跃迁所需的能量，即物质的分子中某个基团的振动频率应正好等于该红外光的频率。或者说当用红外光照射分子时，如果红外光子的能量正好等于分子振动能级跃迁时所需的能量，则可以被分子吸收，这是红外光谱产生的必要条。

　　② 物质分子在振动过程中应有偶极矩的变化（$\Delta\mu \neq 0$），这是红外光谱产生的充分必要条件。因此，对那些对称分子（如 O_2、N_2、H_2、Cl_2 等双原子分子），分子中原子的振动并不引起 μ 的变化，则不能产生红外吸收光谱。

　　以 CO_2 为例，说明其红外谱图中吸收峰的个数。红外光谱中吸收峰的个数取决于分子的自由度数，而分子的自由度数等于该分子中各原子在空间中坐标的总和。

　　线性分子的振动自由度＝$3n-5$

　　非线性分子的振动自由度＝$3n-6$

　　式中，n 为分子中的原子个数。

　　CO_2 为线性分子，其振动自由度＝$3 \times 3 - 5 = 4$，即它应有 4 种振动形式，如图 2-20 所示。

对称伸缩（无吸收峰）　　　反对称伸缩（$2349cm^{-1}$）　　　面内变形（$667cm^{-1}$）　　　面外变形（$667cm^{-1}$）

图 2-20　CO_2 分子的振动形式

　　按理 CO_2 分子的红外吸收光谱中应有 4 个吸收峰，但实际上却只有 2 个吸收峰，它们分别位于 $2349cm^{-1}$ 和 $667cm^{-1}$ 处。其原因是在 CO_2 分子的 4 种振动形式中，对称伸缩振动不引起分子偶极矩的变化，因此不产生红外吸收光谱，也就不存在吸收峰。不对称伸缩振动产生偶极矩的变化，在 $2349cm^{-1}$ 处出现吸收峰。而面内弯曲振动和面外弯曲振动又因频率完全相同，峰带发生简并，只产生 $667cm^{-1}$ 处一个吸收峰。故 CO_2 分子虽有 4 种振动形式，但只出现 2 个吸收峰。

　　在观测红外吸收谱带时，经常遇到峰数往往少于分子的振动自由度数目，其原因：①某些振动不使分子发生瞬时偶极矩的变化，不引起红外吸收；②有些分子结构对称，某些振动频率相同会发生简并；③有些强而宽的峰常把附近的弱而窄的峰掩盖；④有个别峰落在红外区以外；⑤有的振动产生的吸收峰太弱测不出来。

　　3. 红外光谱的表示方法

　　分子的总能量由平动能量、振动能量、电子能量和转动能量 4 部分构成。其中振动能级的能量差为 $8.01 \times 10^{-21} \sim 1.60 \times 10^{-19}J$，与红外光的能量相对应。当用一连续波长的红外线为光源照射样品时，其中某些波长的光就要被样品分子所吸收，这种利用观察样品物质对不同波长红外光的吸收程度进行研究物质分子的组成和结构的方法，称为红外分子吸收光谱法，简称红外光谱法，常以 IR 表示。由于物质分子对不同波长的红外光的吸收程度不同，致使某些波长的辐射能量被样品选择吸收而减弱。如果以波长 λ（或波数 σ）为横坐标，表示吸收峰的位置，用透射率 τ（或吸光度 A）作纵坐标，表示吸收强度，将样品吸收红外光的情况用仪器记录下来，就得到了该样品的红外吸收光谱。其谱图可以有 4 种表示方法：透射率与波数（τ-σ）曲线、透射率与波长（τ-λ）曲线、吸光度与波数（A-σ）曲线、吸光度与波长（A-λ）曲线。τ-σ 或 τ-λ 曲线上的"谷"是光谱吸收峰，A-σ 或 A-λ 曲线上的"峰"是光谱吸收峰。

　　在红外谱图中，吸收峰的位置简称峰位，常用波长 λ（μm）或波数 σ（cm^{-1}）表示。由于波数直接与振动能量成正比，故红外光谱更多的是用波数为单位。波数的物理意义是单位厘米长度上波的数目，波数与波长的关系为：

$$\sigma = \frac{1 \times 10^4}{\lambda}$$

在红外谱图中，波长按等间隔分度的，称为线性波长表示法；波数按等间隔分度的，称为线性波数表示法。对于同一样品用线性波长表示和用线性波数表示，其光谱的表观形状截然不同，会误认为不同化合物的光谱。比较图 2-21（a）和图 2-21（b）分别为苯酚的波长等间隔和波数等间隔表示的红外光谱，发现 τ-λ 曲线"前密后疏"、τ-σ 曲线"前疏后密"。

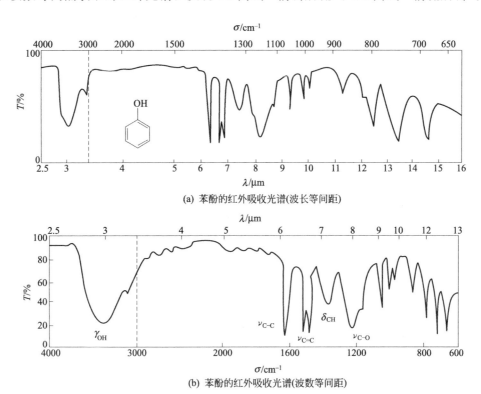

(a) 苯酚的红外吸收光谱(波长等间距)

(b) 苯酚的红外吸收光谱(波数等间距)

图 2-21　苯酚的红外吸收光谱

红外光谱中一般按摩尔吸光系数 ε 的大小来划分吸收峰的强弱等级，不同等级用相对应的符号表示，见表 2-5 所列。

表 2-5　吸收峰强弱等级表示

吸收峰强弱等级	极强峰	强峰	中强峰	弱峰	极弱峰
表示符号	vs	s	m	w	vw
$\varepsilon/[\text{L}/(\text{mol} \cdot \text{cm})]$	$\varepsilon > 100$	$\varepsilon = 20 \sim 100$	$\varepsilon = 10 \sim 20$	$\varepsilon = 1 \sim 10$	$\varepsilon < 1$

红外光谱中峰的形状各异，常见的宽峰、尖峰、肩峰和双峰的形状如图 2-22 所示。

4. 红外光谱相关术语及分区

（1）红外光谱相关术语

① 基频峰。当分子吸收一定频率的红外光，振动能级由基态（$n=0$）跃迁到第一振动激发态（$n=1$）时所产生的吸收峰称为基频峰。基频峰是红外吸收光谱中最主要的一类吸收峰。

② 泛频峰。如果动能级由基态（$n=0$）跃迁到第二激发态（$n=2$），第三激发态（$n=$

图 2-22　红外光谱吸收峰形状

3）……第 n 振动激发态时，所产生的吸收峰称为倍频峰。

通常基频峰强度大于倍频峰，倍频峰的波数不是基频峰波数的倍数，而是稍低一些。

在红外吸收光谱中还可以观察到合频吸收带，这是由于多原子分子中各振动形式能量之间，存在可能的相互作用。此时，若吸收的红外辐射能量为两个相互作用基频之和，就会产生合频峰。若吸收的红外辐射能量为两个相互作用基频之差，则产生差频峰。倍频峰、合频峰及差频峰统称为泛频峰。合频峰和差频峰的强度多数为弱峰，且比倍频峰更弱，一般在图谱上不易辨认。

③ 特征峰和相关峰。红外吸收光谱具有明显的特征性，这是对有机化合物进行结构分析的重要依据。有含多种不同原子的官能团构成的复杂分子，在其各官能团吸收红外辐射被激发后，都会产生特征的振动。分子的振动实质上是化学键的振动，因此红外吸收光谱的特征性都与化学键的振动特性相关。通过对比了大量的红外谱的研究、观测后，发现具有相同官能团（或化学键）的一系列化合物有近似相同的吸收频率，还证明官能团（或化学键）的存在与谱图上吸收峰的出现是对应的，所以用一些易辨认的、有代表性的吸收峰可以来确定官能团的存在。因此能用于鉴定官能团的存在的并具有较强度的吸收峰，称为特征峰。如 —C≡N 的特征吸收峰在 $2247 cm^{-1}$ 处。特征峰的频率叫特征频率。一个官能团除了有特征峰外，还有很多其他的振动形式吸收峰，通常把这些相互依存而又可相互佐证的吸收峰，称为相关峰。用以说明这些特征吸收峰具有依存关系，并区别于非依存关系的其他特征峰，如 —C≡N 基只有一个振动形式吸收峰 ν（C≡N），而无其他相关峰。

利用一组相关峰的存在与否，作为鉴别官能团的依据是红外吸收光谱解析有机物分子结构的一个重要原则。

（2）红外吸收光谱的分区

通常把红外吸收光谱中波数 $4000 \sim 1330 cm^{-1}$ 范围叫特征频率区或特征区。在特征区内吸收峰数目较少，易于区分。各类有机物中共有的官能团的特征频率峰皆位于该区，原则上每个吸收峰都可找到它的归属。特征区可作为官能团定性分辨的主要依据。

决定官能团特征频率的主要因素有 4 个方面：分子中原子的质量、原子间化学键力常数、分子的对称性、振动的相互作用。这些因素在一系列化合物中保持稳定时，才呈现特征频率。

红外吸收光谱中波数在 $1330 \sim 670 cm^{-1}$ 范围内称为指纹区。在此区域内各官能团吸收峰的波数不具有明显的特征性，由于吸收峰密集，如人的指纹，故称指纹区。有机物分子结构上的微小变化都会引起指纹区吸收峰的明显改变。将未知物红外光谱的指纹区与标准红外光谱图比较，可得出未知物与已知物是否相同的结论。因此指纹区在分辨有机物的结构时，也有很大的价值。

利用红外吸收光谱鉴定有机化合物结构，须熟悉重要的红外区域与结构（基团）的关系。通常中红外光区分为 4 个吸收区域，见表 2-6 所列。熟记各区域包含哪些基团的哪些振动,可帮助人们对化合物的结构作出判断非常有益。

表 2-6　中红外光区 4 个区域的划分

区域	基团	吸收频率 /cm^{-1}	振动形式	吸收强度	说明
	—OH(游离)	3650～3580	伸缩	m,sh	判断有无醇类、酚类和有机酸的重要依据
	—OH(缔合)	3400～3200	伸缩	s,b	
	—NH$_2$,—NH(游离)	3500～3300	伸缩	m	
	—NH$_2$,—NH(缔合)	3400～3100	伸缩	s,b	
	—SH	2600～2500	伸缩		
	C—H 伸缩振动				
	不饱和 C—H				不饱和 C—H 伸缩振动出现在 3000cm^{-1} 以上
第一区域	≡C—H(三键)	3300 附近	伸缩	s	
	=C—H(双键)	3010～3040	伸缩	s	末端—CH$_2$ 出现在 3085cm^{-1} 附近
	苯环中 C—H	3030 附近	伸缩	s	强度上比饱和 C—H 稍弱,但谱带较尖锐
	饱和 C—H				饱和 C—H 伸缩振动出现在 3000cm^{-1} 以下(3000～2800cm^{-1}),取代基影响较小
	—CH$_3$	2960±5	反对称伸缩	s	
	—CH$_3$	2870±10	对称伸缩	s	
	—CH$_2$	2930±5	反对称伸缩	s	三元环中的 CH$_2$ 出现在 3050cm^{-1}
	—CH$_2$	2850±10	对称伸缩	s	—C—H 出现在 2890cm^{-1},很弱
第二区域	—C≡N	2260～2220	伸缩	s 针状	干扰少
	—N≡N	2310～2135	伸缩	m	
	—C≡C—	2260～2100	伸缩	v	R—C≡C—H,2100～2140cm^{-1}; R—C≡C—R′,2190～2260cm^{-1};若 R′=R,对称分子无红外谱带
	—C=C—	1950 附近	伸缩	v	
第三区域	C=C	1680～1620	伸缩	m,w	
	芳环中 C=C	1600～1580	伸缩	v	苯环的骨架振动
		1500～1450			
	—C=O	1850～1600	伸缩	s	其他吸收带干扰少,是判断羰基(酮类、酸类、酯类、酸酐等)的特征频率,位置变动大
	—NO$_2$	1600～1500	反对称伸缩	s	
	—NO$_2$	1300～1250	对称伸缩	s	
	S=O	1220～1040	伸缩	s	
第四区域	C—O	1300～1000	伸缩	s	C—O 键(酯、醚、醇类)的极性很强,故强度强,常成为谱图中最强的吸收
	C—O—C	900～1150	伸缩	s	醚类中 C—O—C 的 $\nu_{as}=1100cm^{-1}±50cm^{-1}$ 是最强的吸收。C—O—C 对称伸缩在 900～1000cm^{-1},较弱
	—CH$_3$,—CH$_2$	1460±10	—CH$_3$ 反对称变形,CH$_2$ 变形	m	大部分有机化合物都含有 CH$_3$、CH$_2$ 基,因此此峰经常出现
	—CH$_3$	1370～1380	对称变形	s	
	—NH$_2$	1650～1560	变形	m～s	
	C—F	1400～1000	伸缩	s	
	C—Cl	800～600	伸缩	s	
	C—Br	600～500	伸缩	s	
	C—I	500～200	伸缩	s	
	=CH$_2$	910～890	面外摇摆	s	
	—(CH$_2$)$_{\overline{n}}$,$n>4$	720	面内摇摆	v	

注:s—强吸收,b—宽吸收带,m—中等强度吸收,w—弱吸收,sh—尖锐吸收峰,v—吸收强度可变。

（3）主要官能团的特征吸收频率

用红外光谱来确定化合物中某种基团是否存在时，应熟悉基团频率。首先在基团频率区观察它的特征峰是否存在，然后找到它们的相关峰作为旁证。表2-7列举了一些有机化合物的主要官能团的红外吸收带的位置。

表 2-7 部分主要官能团的红外吸收带的位置

官 能 团	波数范围/cm^{-1}	官 能 团	波数范围/cm^{-1}
乙炔	3300~3250（m 或 s）	羧酸	1760（s）（稀溶液）
	2250~2100（w）		1710~1680（s）（纯）
乙醇（纯）	3350~3250（s）		1440~1400（m）
	1440~1320（m 或 s）		960~910（s）
	680~620（m 或 s）	氯代基	850~650（m）
乙醛	2830~2810（m）	腈基	2190~2130（m）
	2470~2720（m）	酯	1765~1720（s）
	1725~1695（s）		1290~1180（s）
	1440~1320（s）	醚	1285~1170（s）
烷基	2980~2850（m）		1140~1020（s）
	1470~1450（m）	氟烷基	1400~1000（s）
	1400~1360（m）	甲基	2970~2780（s）
酰胺（CONH$_2$）	3540~3520（m）		1475~1450（m）
	3400~3380（m）		1400~1365（m）
	1680~1660（s）	亚甲基（CH$_2$,烷烃）	2940~2920（m）
	1650~1610（m）		2860~2850（m）
酰胺（CONHR）	3400~3420（m）		1470~1450（m）
	1680~1640（s）	亚甲基（烯烃）	3090~3070（m）
	1560~1530（s）		3020~2980（m）
	1310~1290（m）	腈	2240~2220（m）
	710~690（m）	硝基（NO$_2$,烷烃）	1570~1550（s）
酰胺（CONR$_2$）	1670~1640（s）		1380~1320（s）
胺（伯）	3460~3280（m）		920~830（m）
	2830~2810（m）	硝基（芳香烃）	1480~1460（s）
	1650~1590（s）	吡啶基（C$_5$H$_4$N）	3080~3020（m）
胺（仲）	1190~1130（m）		1620~1580（s）
	740~700（m）		1590~1560（s）
氨	3200（s）		840~720（s）
	1430~1390（s）	磺酸酯（ROSO$_3$R′）	1440~1350（s）
芳香烃	3100~3000（m）		1230~1150（s）
	1630~1590（m）	磺酸酯（ROSO$_3$M）	1260~1210（s）
	1520~1480（m）		810~770（s）
	900~650（s）	磺酸（RSO$_3$H）	1250~1150（s,宽）
溴代基	700~550（m）	磺酸（SCN）	2175~2160（m）
特丁基	2950~2850（m）	硫代基	2590~2560（w）
	1400~1390（m）		700~550（w）
	1380~1360（s）	乙烯基	3095~3080（m）
羧基	1870~1650（s,宽）	（CH$_2$＝CH—）	1645~1605（m 或 s）
羧酸	3550（m）（稀溶液）		1000~900（s）
	3000~2440（s,宽）		

注：1. 括号内给出峰的强度；s—强吸收；m—中强度吸收；w—弱吸收。

2. M 代表金属。

5. 影响基团频率位移的因素

分子中化学键的振动并不是孤立的，而要受到分子中其他部分，特别是相邻基团的影响，有时还会受到溶剂、测定条件等外部因素的影响。因此在分子结构的测定中可以根据不同测试条件下基团频率位移和强度的改变，推断产生这种影响的结构因素，反过来求证是何种基团。影响基团频率位移的因素主要有两大类：一是内因，由分子结构不同决定，主要有电子效应、空间效应、氢键效应、振动偶合效应、费米效应等因素；二是外因，由测试条件不同造成。

（1）电子效应

电子效应是通过成键电子起作用，包括诱导效应、共轭效应和偶极场效应。诱导效应和共轭效应都会引起分子中成键电子云分布发生变化。在同一分子中，诱导效应和共轭效应往往同时存在。在讨论其对吸收频率的影响时，由效应较强者决定。该影响主要表现在 $C=O$ 键伸缩振动中。

① 诱导效应。诱导效应沿分子中化学键（σ 键、π 键）而传递，与分子的几何形状无关。由于取代基具有不同的电负性，通过静电诱导作用，引起分子中电子分布的变化，从而引起化学键的力常数变化，改变了基团的特征频率。一般来说，随着取代基数目的增加或取代基电负性的增大，这种静电诱导效应也增大，从而导致基团的振动频率向高频移动。

例如：RCOX

X 基	R′	H	OR′	Cl	F
$\nu_{C=O}/cm^{-1}$	1715	1730	1740	1800	1850

丙酮中 CH_3 为推电子的诱导效应，使 $C=O$ 键成键电子偏离键的几何中心而向氧原子移动，$C=O$ 键极性增强，使羰基中碳原子上的正电荷降低，双键性降低，$C=O$ 键伸缩振动位于低频端；较强电负性的取代基（Cl，F）吸电子诱导效应强，使 $C=O$ 键成键电子向键的几何中心靠近，$C=O$ 键极性降低，使羰基中碳原子上的正电荷增加，而双键性增强，$\nu_{C=O}$ 键位于高频端；带孤对电子的烷氧基（OR）既存在吸电子的诱导，又存在着 p-π 共轭，其中前者的影响相对较大，比—R′的吸电子诱导作用强，比 Cl、F 吸电子诱导效应弱。酯羰基的伸缩振动频率高于酮、醛，而低于酰卤。

② 共轭效应。共轭效应常使分子中的电子云密度平均化，造成双键略有增长，单键略有缩短，双键的极性增强，双键性降低，因此双键的力常数减小，吸收频率移向低波数。共轭效应有 p-π 共轭和 π-π 共轭。

例如，解释 $RCONH_2$（酰胺羰基）的特征吸收：$\nu_{C=O}$ 为 $1650\sim1690cm^{-1}$。

N 原子与 Cl 原子的电负性均为 3.0，从诱导效应解释，酰胺与酰氯中羰基的特征吸收频率应相近，但测量结果表明，酰胺中羰基与醛、酮中羰基吸收频率相比，不仅不移向高波数，而反向低波数移动。这是由于 N 与 C 原子同处一周期，N 原子上的未共用 p 电子可以有效地与羰基中的 π 键共轭，使电子云密度平均化，从而使羰基的双键性降低，双键的力常数减小。即 p-π 共轭使酰胺的羰基特征吸收峰移向了低波数。

③ 偶极场效应。在分子内的空间里，相互靠近的官能团之间，才能产生偶极场效应。如氯代丙酮的一种异构体，卤素和氧都是键偶极的负极，所以发生负负相斥，使羰基上的电子云移向两极的中间，增加了双键的电子云密度，力常数增加，因此频率升高。氯代丙酮偶极场效应如图 2-23 所示。

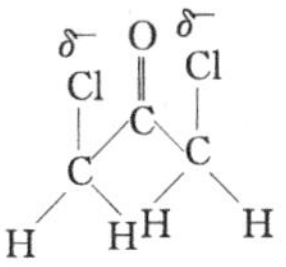

图 2-23　氯代丙酮偶极场效应

（2）空间效应

① 环的张力。环的张力越大，$\nu_{C=O}$ 振动频率就越高。在下面几个环外双烯的烷烃化合物中，4 元环的张力最大，因此它的 $\nu_{C=O}$ 高频位移明显。同样，下面几个环酮化合物中，3 元环的张力最大，因此它的 $\nu_{C=O}$ 振动频率就最高。

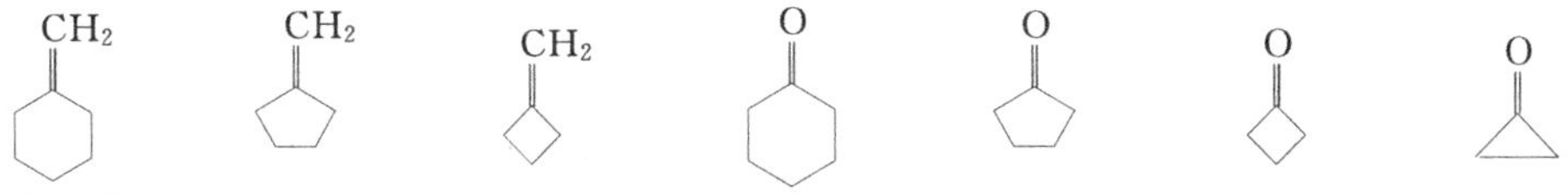

$\nu_{C=O}/cm^{-1}$　1650　　1660　　1680　　1716　　1745　　1774　　1850

② 空间位阻的影响。由于空间位阻的影响，羰基与双键之间的共轭受到限制时，$\nu_{C=O}$ 较高。例如：

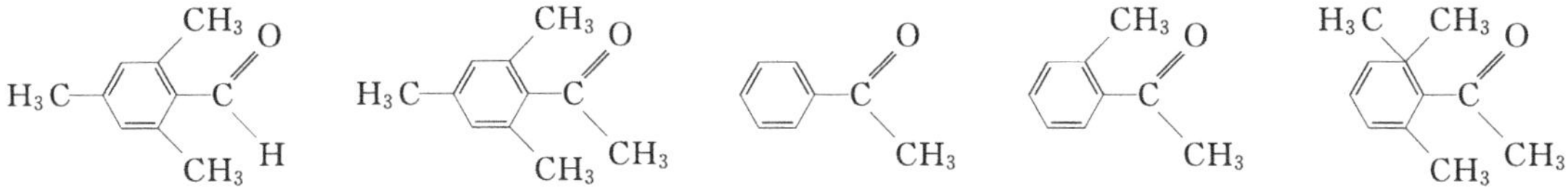

$\nu_{C=O}/cm^{-1}$ 1680　　　　1700　　　　1663　　　　1686　　　　1693

甲基占据的空间越大，接在 C=O 上的 CH_3 的立体位阻越大，C=O 与苯环的双键不能处在同一平面，结果共轭受到限制，因此 $\nu_{C=O}$ 振动频率趋向高波数。

（3）氢键效应

羰基和羟基之间容易形成氢键，使羰基的频率降低。最明显的是羧酸的情况。游离的羧酸的 C=O 伸缩振动频率出现在 1760 cm^{-1} 左右，而在液态或固态时，C=O 伸缩振动频率都在 1700 cm^{-1} 左右，因为此时羧酸形成二聚体形式。

氢键使电子云密度平均化，C=O 的双键性减小，因此 C=O 伸缩振动频率下降。

（4）振动偶合效应

当两个或两个以上的基团连接在分子的同一个原子上时，两个振动基团若原来的振动频率很近，它们之间可能会产生相互作用而使谱峰裂分为两个，一个高于正常频率，一个低于正常频率。这种两个基团的相互作用，称为振动的偶合。偶合有伸缩振动偶合、弯曲振动偶合、伸缩与振动偶合三类。例如酸酐的两个羰基，振动偶合而裂分为两个谱峰（约 1820 cm^{-1} 和约 1760 cm^{-1}）。

（5）费米共振效应

当强度很弱的倍频带或组频带与另一个振动的基频接近时，由于发生相互作用而产生很强的吸收峰或发生裂分，这种现象叫做费米共振。例如：环戊酮的 $\nu_{C=O}$ 为 1476 cm^{-1} 和 1728 cm^{-1} 出现双重峰。这是由于环戊酮的骨架吸收振动 889 cm^{-1} 的倍频峰位于 $\nu_{C=O}$ 附近，两峰产生偶合，使倍频的吸收强度大大增强。

（6）外部因素

外部因素大多是机械因素，如样品的制备的方法、溶剂的性质、样品所处的物态、结晶条件、吸收池厚度、色散系统以及测试温度均影响基团吸收峰位置及强度，甚至峰的形状。

影响官能团的因素比较多，往往不止一种因素起作用。在比对官能团频率时，应注意条件。

6. 影响吸收峰强度的因素

峰强与分子跃迁概率有关。跃迁概率是指激发态分子所占分子总数的百分数。基频峰的跃迁概率大，倍频峰的跃迁概率小，合频峰与差频峰的跃迁概率更小。

峰强与分子偶极矩有关，而分子的偶极矩又与分子的极性、对称性和基团的振动方式有关。一般极性较强的分子或基团，它的吸收峰也强。例如 $C{=}O$、OH、$C{-}O{-}C$、$Si{-}O$、$N{-}H$、NO_3 等均为强峰，而 $C{=}C$、$C{=}N$、$C{-}C$、$C{-}H$ 等均为弱峰。分子的对称性越低，则所产生的吸收峰越强。例如，三氯乙烯的 $\nu_{C=C}$ 在 $1585cm^{-1}$ 处有一中强峰，而四氯乙烯因它的结构完全对称，所以它的 $\nu_{C=C}$ 吸收峰消失。当基团的振动方式不同时，其电荷分布也不同，其吸收峰的强度依次为：$\nu_{as}{>}\nu_s{>}\delta$。但是苯环上的 γ_{Ar-H} 为强峰，而 ν_{Ar-H} 为弱峰。

二、红外吸收光谱仪

红外光谱仪也称为红外分光光度计。第一代和第二代红外光谱仪均为色散型红外光谱仪。随着计算机技术的发展，20 世纪 70 年代开始出现第三代干涉型分光光度计，即傅里叶变换红外光谱仪。与色散型红外光谱仪不同，傅里叶变换红外光谱仪的光源发出的光首先经过迈克尔逊干涉仪变成干涉光，再让干涉光照射样品，检测器仅获得干涉图而得不到红外吸收光谱，实际吸收光谱是用计算机对干涉图进行傅里叶变换得到的。

1. 色散型红外光谱仪

色散型红外光谱仪的型号有很多，其构造原理大致相同，光学系统也大致相同，并且在结构原理上与紫外-可见分光光度计类似，也是由光源、吸收池、单色器、检测器和显示装置（含电子放大和数据处理、记录）5 个基本部分组成。但对每一个组成部分来说，它的结构、所用材料及性能等和紫外-可见分光光度计不同。最基本的一个区别是，后者样品是放在单色器的后面，前者是放在光源和单色器之间。色散型红外光谱仪结构示意如图 2-24 所示。

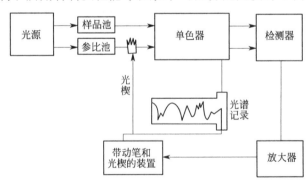

图 2-24　双光束红外分光光度计

光源发出的辐射被分为等强度的两束光，一束通过样品池，一束通过参比池。通过参比池的光束经衰减器（亦称光楔或光梳）与通过样品池的光束会合于斩光器（亦称切光器）处，使两光束交替进入单色器色散之后，同样交替投射到检测器上进行检测。

单色器的转动与光谱仪记录装置谱图图纸横坐标方向相关联。横坐标的位置表明了单色器的某一波长（波数）的位置。若样品对某一波数的红外光有吸收，则两光束的强度便不平衡，参比光路的强度比较大。因此检测器产生一个交变的信号，该信号经放大、整流后负反馈于连接衰减器的同步马达，该马达使光楔更多地遮挡参比光束，使之强度减弱，直至两光束又恢复强度相等。此时交变信号为零，不再有反馈信号。此即"光学零位平衡"原理。移动光楔的马达同步地联动记录装置的记录笔，沿谱图图纸的纵坐标方向移动，因此纵坐标表示样品的吸收程度。单色器转动的全过程就得到一张完整的红外光谱图。红外光谱仪的基本组成部件叙述如下。

（1）光源

① 硅碳棒。由碳化硅烧结而成的，两端粗（约 $\phi 7 \times 27mm$），中间较细（约 $\phi 5 \times 50mm$），在低电压大电流下工作（约 $4 \sim 5A$）。耗电功率约 $200 \sim 400W$，工作温度为 $1200 \sim 1500℃$。其优点是：发光面积大，波长范围宽（可低至 $200cm^{-1}$），坚固、耐用，使用方便及价格较低；缺点是：电极触头发热需水冷，工作时间长时电阻增大。

② 能斯特灯。由稀土氧化物烧结而成的空心棒或实心棒，主要成分为 ZrO（75%）、Y_2O_3、ThO_2，掺入少量 Na_2O、CaO 或 MgO。直径约 $1 \sim 2mm$，长度约 $25 \sim 30mm$，两端绕有 Pt 丝作为导线。功率约 $50 \sim 200W$，工作温度 $1300 \sim 1700℃$。其优点是发光强度大，稳定性好，寿命长，不需水冷。缺点是力学性能较差，易脆，操作较不方便，价格较贵。

（2）吸收池

红外吸收池要用对红外光透过性好的碱金属、碱土金属的卤化物，如 $NaCl$、KBr、$CsBr$、CaF_2 等或 KRS-5（TlI 58%，$TlBr$ 42%）等材料做成窗片。窗片必须注意防湿及损伤。固体试样常与纯 KBr 混匀压片，然后直接测量。

（3）单色器

单色器由几个色散元件、入射和出射狭缝、聚焦和反射用的反射镜（不用透镜，以防色差）组成。

① 色散元件中棱镜和光栅。棱镜主要用于早期仪器中，棱镜由对红外光透射率好的碱金属或碱土金属的卤化物单晶做成，不同材料做成棱镜有不同的使用波长范围，应注意选择。对于红外光，要获得较好分辨本领时可选用 LiF（$2 \sim 15\mu m$），CaF_2（$5 \sim 9\mu m$），NaF（$9 \sim 15\mu m$），KBr（$15 \sim 25\mu m$）等，棱镜易受损和水腐蚀，要特别注意干燥。

光栅单色器常用几块不同闪耀波长的闪耀光栅组合，可以自动更换，使测定的波数范围更为扩展且能得到更高的分辨率。闪耀光栅存在次级光栅的干扰，因此需与滤光片或棱镜结合起来使用。

② 单色器系统中的狭缝可以控制单色光的纯度和强度。狭缝愈窄，纯度愈高，分辨率也愈大，但是由于红外光强度很弱，能量低，且整个波数范围内强度不是恒定的，所以在波数扫描过程中，狭缝要随光源的发射特性曲线自动调节宽度，既要使到达检测器的光强近似不变，又要达到尽可能高的分辨能力。

（4）检测器

① 对红外检测器的要求。由于是利用热电效应进行检测，所以要求检测器的热容量要小，检测元件吸收不同能量红外光所产生的信号变化要大，这样灵敏度才会高；光束要集中，接受热能的"靶"体积要小，要薄；要减少热能的损失及环境热源的干扰，所以要置于真空中；响应速度要快，响应波长范围要宽。

② 红外检测器的种类。

a. 真空热电偶。真空热电偶是利用不同导体构成回路时的温差电现象，将温差转变为电热差。以一片涂黑的金箔作为红外辐射的接受面，在其一面上焊两种热电势差别大的不同金属、合金或半导体，作为热点偶的热接端，而在冷接端（通常为室温）连接金属导线。密封于高真空（约 $7 \times 10^{-7}Pa$）腔体内。在腔体上对着涂黑金属接受面的方向上开一小窗，窗口放红外透光材料盐片。

当红外辐射通过盐窗照射到金箔片上时，热接端的温度升高，产生温差电势差，回路中就有电流通过，而且电流大小与红外辐射的强度成正比。

b. 测热辐射计。把温度电阻系数较大的涂黑金属或半导体薄片作为惠斯登电桥的一臂。当涂黑金属片接受红外辐射时，温度升高，电阻发生变化，电桥失去平衡，桥路上就有信号输出，以此实现对红外辐射强度的检测。由于红外辐射能量很低，信号很弱，所以施加给电桥的电压需要非常稳定，这成为其最大的缺点，因此，现在的仪器已很少使用这种检测器。

c. 高莱池（Golay Cell）。它是一个高灵敏的气胀式检测器，红外辐射通过盐窗照射到气室一端的涂黑金属薄膜上，使气室温度升高，气室中的惰性气体（氙或氩气）膨胀，另一端涂银的软镜膜变形凸出。导致检测器光源经过透镜、线栅照射到软镜膜后反射到达光电倍增管的光量改变。光电管产生的信号与红外照射的强度有关，从而达到检测的目的。

d. 热释电检测器。以硫酸三甘酞（NH_2CH_2COOH）$_3H_2SO_4$（triglycine sulfate，简称TGS）这类热电材料的单晶片为检测元件，其薄片（$10\sim20\mu m$）的正面镀铬，反面镀金成两电极，连接放大器，一起置于带有盐窗的高真空玻璃容器内。TGS是铁氧体，在居里点（49℃）以下，能产生很大的极化效应，温度升高时，极化度降低，当红外辐射照射到TGS薄片上，引起温度的升高，极化度降低，表面电荷减少，相当于"释放"出部分电荷，经放大后进行检测记录。TGS检测器的特点是响应速度快，噪声影响小，能实现高速扫描，故被用于傅里叶变换红外光谱仪中。目前使用最广泛的材料是氘化了的TGS（DTGS），居里点温度为62℃，热电系数小于TGS。

e. 碲镉汞检测器（MCT检测器）。跟上面的热电检测器不同，MCT检测器是光电检测器。它是由宽频带的半导体碲化镉和半金属化合物碲化汞混合做成的，改变其中各成分的比例，可以获得对测量不同波段的灵敏度各异的各种MCT检测器。MCT元件受红外辐射照射后，导电性能发生变化，从而产生检测信号。这种检测器灵敏度高于TGS约10倍，响应速度快，适于快速扫描测量和气相色谱-傅里叶变换红外光谱联机检测。MCT检测器需在液氮温度下工作。

（5）记录系统

红外光谱都由记录仪自动记录谱图。现代仪器都配有计算机，以控制仪器操作、优化谱图中的各种参数、进行谱图的检索等。

2. 傅里叶变换红外光谱仪（FTIR）

（1）光谱仪结构

FTIR光谱仪没有色散元件，主要部件有光源（硅碳棒、高压汞灯等）、麦克尔逊（Mickelson）干涉仪、样品池、检测器（常用TGS、MCT检测器）、计算机及记录仪（图2-25）。

其核心部分是干涉仪和计算机。干涉仪将光源来的信号以干涉图的形式送往计算机进行快速的傅里叶变换的数学处理，最后将干涉图还原为通常解析的光谱图，如图2-26所示。

（2）工作原理

M_1、M_2为两块互相垂直的平面反射镜，M_1固定不动，称为定镜，M_2可以沿图示的方向作往还微小移动，称为动镜。在M_1、M_2之间放置一呈45°角的半透膜光束分裂器BS，它能把光源S投来的光分为强度相等的两光束Ⅰ和Ⅱ。光束Ⅰ和光束Ⅱ分别投射到动镜和定镜，然后又反射回来在检测器D汇合。因此检测器上检测到的是两光束的相干光信号（图中每光束都应是一束光线，为了说明才绘成分开的往返光线）。

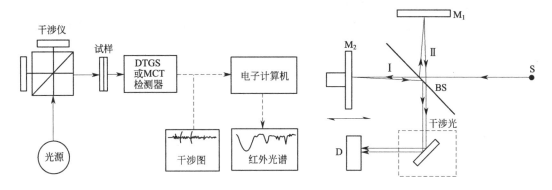

图 2-25　傅里叶变换红外光谱
仪工作原理示意

图 2-26　麦克尔逊干涉仪光学示意及工作原理
M₁—固定镜；M₂—动镜；S—光源；
D—检测器；BS—光束分裂器

① 当一频率为 ν_1 的单色光进入干涉仪时，若 M₂ 处于零位，M₁ 和 M₂ 到 BS 的距离相等，两束光到达检测器时位相相同，发生相长干涉，强度最大。当动镜 M₂ 移动入射光 $\lambda/4$ 的偶数倍，即两束光到达检测器光程差为 $\lambda/2$ 的偶数倍（即波长的整数倍）时，两束光也是同相，强度最大；当动镜 M₂ 移动 $\lambda/4$ 的奇数倍，即光程差为 $\lambda/2$ 的奇数倍时，两光束异相，发生相消干涉，强度最小。光程差介于两者之间时，相干光强度也对应介于两者之间。当动镜连续往还移动时，检测器的信号将呈现余弦变化。动镜每移动 $\lambda/4$ 距离时，信号则从最强到最弱周期性的变化一次。如图 2-27(a) 所示。图 2-27(b) 为另一频率 ν_2 的单色光经干涉仪后的干涉图。

② 如果是两种频率 ν_1、ν_2 的光一起进入干涉仪，则得到两种单色光干涉图的加合图，如图 2-27(c) 所示。

③ 当入射光是连续频率的多色光时，得到的是中心极大而向两侧迅速衰减的对称干涉图，如图 2-27(d) 所示。这种干涉图是所有各种单色光干涉图的总加合图。

④ 当多色光通过试样时，由于试样选择吸收了某些波长的光，则干涉图发生了变化，变得极为复杂，如图 2-28(a) 所示。这种复杂的干涉图是难以解释的，需要经过计算机进行快速的傅里叶变换，就可得到一般所熟悉透射比随波数变化的普通红外光谱图，如图 2-28 (b) 所示。

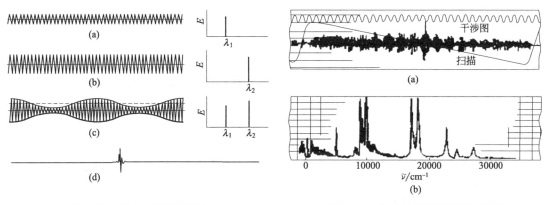

图 2-27　FTIR 光谱干涉图

图 2-28　FTIR 光谱干涉图扫描转换

（3）FTIR 光谱特点

① 扫描速度快，测量时间短，可在 1s 至数秒内获得光谱图，比色散型仪器快数百倍。因此适于对快速反应的跟踪，也便于与色谱法的联用；

② 灵敏度高，检测限低，可达 $10^{-9} \sim 10^{-12} \mathrm{g}$，因为可以进行多次扫描（$n$ 次），进行信号的叠加，提高了信噪比 $\sqrt{n}$ 倍；

③ 分辨本领高，波数精度一般可达 $0.5 \mathrm{cm}^{-1}$，性能好的仪器可达 $0.01 \mathrm{cm}^{-1}$；

④ 测量光谱范围宽，波数范围可达 $10 \sim 10^4 \mathrm{cm}^{-1}$，涵盖了整个红外光区；

⑤ 测量的精密度、重现性好，可达 0.1%，而杂散光小于 0.01%。

三、红外光谱定性和定量分析及应用

红外光谱法由于有操作简单、分析快速、样品用量少、不破坏样品等优点，在有机化合物定性分析中应用非常广泛。红外光谱中吸收峰的位置和强度提供了有机化合物化学键类型、几何异构、晶体结构等方面的信息。不同官能团通常在红外光谱中都有不同的特征吸收峰。因此，可以利用红外光谱对化合物进行鉴定或结构测定。

1. 定性分析

红外光谱的定性分析，大致可以分为官能团定性和结构分析两个方面。官能团定性是根据化合物的特征基团频率来检定待测物质含有哪些基团，从而确定有关化合物的类别。结构分析则需要由化合物的红外吸收光谱并结合其他实验资料来推断有关化合物的化学结构式。

如果分析目的是对已知物及其纯度进行定性鉴定，那么只要在得到样品的红外光谱图后，与纯物质的标准谱图进行对照即可。如果两张谱图各吸收峰的位置和形状完全相同，峰的相对吸收强度也一致，就可初步判定该样品即为该种纯物质。

① 定性分析对样品的要求。一般说来有两点。一是样品必须干燥不含水分；二是样品应是单一组分的纯物质，其纯度大于 98%。

② 定性分析的一般步骤。测定未知物的结构，它的一般步骤如下。

a. 试样的分离和精制。用各种分离手段（如分馏、萃取、重结晶、层析等）提纯未知试样，以得到单一的纯物质。否则，试样不纯不仅会给光谱的解析带来困难，还可能得出错误的结论。

b. 收集未知试样的有关资料和数据。了解试样的来源、元素相对分子质量、熔点、沸点、溶解度、有关的化学性质；紫外吸收光谱、核磁共振波谱、质谱等。

c. 确定未知物的不饱和度。不饱和度是表示有机分子中碳原子的不饱和程度，用 U 表示，其经验公式为：

$$U = 1 + n_4 + \frac{1}{2}(n_3 - n_1) \tag{2-19}$$

式中，n_1、n_3、n_4 分别为分子式中一价、三价和四价原子的数目。通常规定双键和饱和环状结构的不饱和度为 1，三键的不饱和度为 2，苯环的不饱和度为 4。

例如，$C_6H_5NO_2$ 的不饱和度 $U = 1 + 6 + \frac{1}{2}(1-5) = 5$，即一个苯环和一个 $N = O$ 键。

d. 谱图解析。由于化合物分子中的各种基团具有多种形式的振动方式，所以一个试样物质的红外吸收峰有时多达几十个，但没有必要使谱图中各个吸收峰都得到解释，因为有时只要辨认几个至十几个特征吸收峰即可确定试样物质的结构，而且目前还有很多红外吸收峰无法解释。如果在样品光谱图的 $4000 \sim 650 \mathrm{cm}^{-1}$ 区域只出现少数几个宽峰，则试样可能为无机物或多组分混合物，因为较纯的有机化合物或高分子化合物都具有较多和较尖锐的吸

收峰。

谱图解析的程序无统一的规则，一般可归纳为两种方式：一种是按光谱图中吸收峰强度顺序解析，即首先识别特征区的最强峰，然后是次强峰或较弱峰，它们分别属于何种基团，同时查对指纹区的相关峰加以验证，以初步推断试样物质的类别，最后详细地查对有关光谱资料来确定其结构；另一种是按基团顺序解析，即首先按 C＝O、O—H、C—O、C＝C（包括芳环）、 C≡N 和—NO$_2$ 等几个主要基团的顺序，采用肯定与否定的方法，判断试样光谱中这些主要基团的特征吸收峰存在与否，以获得分子结构的概貌，然后查对其细节，确定其结构。在解析过程中，要把注意力集中到主要基团的相关峰上，避免孤立解析。对于约 3000cm^{-1} 的 ν_{C-H} 吸收不要急于分析，因为几乎所有有机化合物都有这一吸收带。此外也不必为基团的某些吸收峰位置有所差别而困惑。由于这些基团的吸收峰都是强峰或较强峰，因此易于识别，并且含有这些基团的化合物属于一大类，所以无论是肯定或否定其存在，都可大大缩小进一步查找的范围，从而能较快地确定试样物质的结构。按基团顺序解析红外吸收光谱的方法如下。

（a）首先查对 $\nu_{C=O}$ 1840～1630cm^{-1}（s）的吸收是否存在，如存在，则可进一步查对下列羰基化合物是否存在；

酰胺	ν_{N-H} 约 3500cm^{-1}（m-s），有时为等强度双峰是否存在
羧酸	ν_{O-H} 3300～2500cm^{-1} 宽而散的吸收峰是否存在
醛	CHO 基团的 ν_{C-H} 约 2720cm^{-1} 特征吸收是否存在
酸酐	ν_{C-O} 约 1810cm^{-1} 和约 1760cm^{-1} 的双峰是否存在
酯	ν_{C-O} 1300～1000cm^{-1}（m-s）特征吸收是否存在
酮	以上基团吸收都不存在时，则此羰基化合物很可能是酮；另外，酮的 $\nu_{as,C-C-C}$ 在 1300～1000cm^{-1} 有一弱吸收峰

（b）如果谱图上无 $\nu_{C=O}$ 吸收带，则可查对是否为醇 、酚、胺、醚等化合物；

醇或酚	是否存在 ν_{O-H} 3600～3200cm^{-1}（s，宽）和 ν_{C-O} 1300～1000cm^{-1}（s）特征吸收
胺	是否存在 ν_{N-H} 3500～3100cm^{-1} 和 δ_{N-H} 1650～1580cm^{-1}（s）特征吸收
醚	是否存在 ν_{C-O-C} 1300～1000cm^{-1} 特征吸收，且无醇、酚的 ν_{O-H} 3600～3200cm^{-1} 特征吸收

查对是否存在 C＝C 双键或芳环；

链烯	有无链烯的 $\nu_{C=C}$（约 1650cm^{-1}）特征吸收
芳环	有无芳环的 $\nu_{C=C}$（约 1600cm^{-1} 和约 1500cm^{-1}）特征吸收
链烯或芳环	有无链烯或芳环的 $\nu_{=C-H}$（约 3100cm^{-1}）特征吸收

（c）查对是否存在 C≡C 或 C≡N 三键吸收带；

$\nu_{C≡C}$	有无 $\nu_{C≡C}$（约 2150cm^{-1}，w、尖锐）特征吸收
$\nu_{≡C-H}$	有无 $\nu_{≡C-H}$（约 3200cm^{-1}，m、尖）特征吸收
$\nu_{C≡N}$	有无 $\nu_{C≡N}$（2260～2220cm^{-1}，m、s）特征吸收

（d）查对是否存在硝基化合物；

ν_{as,NO_2}	有无 ν_{as,NO_2}（约 1560cm^{-1}，s）
ν_{s,NO_2}	ν_{s,NO_2}（约 1350cm^{-1}）特征吸收

（e）查对是否存在烃类化合物；

如在试样光谱中未找到以上各种基团的特征吸收峰，而在约 $3000cm^{-1}$，约 $1470cm^{-1}$，约 $1380cm^{-1}$ 和 $780\sim720cm^{-1}$ 有吸收峰，则它可能是烃类化合物。烃类化合物具有最简单的红外吸收光谱图。

对于一般的有机化合物，通过以上的解析过程，再仔细观察谱图中的其他光谱信息，并查阅较为详细的基团特征频率材料，就能较为满意地确定试样物质的分子结构。对于复杂有机化合物的结构分析，往往还需要与其他结构分析方法配合使用，详细情况可查阅有关专著。

e. 标准谱图的使用。在进行定性分析时，对于能获得相应纯品的化合物，一般通过谱图对照即可。对于没有已知纯品的化合物，则需要与标准谱图进行对照，最常见的标准谱图有 3 种，即萨特勒标准红外光谱集（Sadtler catalog of infrared standard spectra）、分子光谱文献"DMS"（documentation of molecular spectroscopy）穿孔卡片和 ALDRICH 红外光谱库（The Aldrich Library of Infrared Spectra）。其中"萨特勒"收集的谱图最多。到 2008 年为止，它已收集谱图约 598400 张。

f. 红外光谱图的应用实例。

【例 2-5】 某化合物的分子式为 C_8H_{14}，其红外光谱如图 2-29 所示，试进行解释并判断其结构。

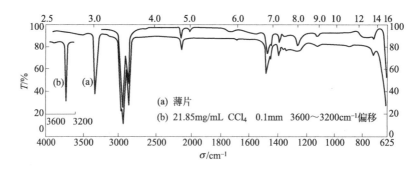

图 2-29 C_8H_{14} 红外光谱

解 ① 求化合物的不饱和度

$U=1+8+\dfrac{1}{2}(0-14)=2$ 表明化合物无苯环，可能有 2 个双键或 1 个三键。

② 光谱解析

$1600\sim1650cm^{-1}$ 无吸收峰，故无双键，这可能有三键，是炔类化合物；约 $3300cm^{-1}$ 有尖锐吸收峰，约 $2100cm^{-1}$ 处有吸收峰，证实有炔键及与其连接的 C—H，即 C≡C—H 基；余下的吸收峰为—CH_3 及 $\diagup CH_2$ 的伸缩吸收峰及弯曲吸收峰，而 $1370cm^{-1}$ 峰无分裂，表明无 Me_2CH—及 Me_3C—的结构；约 $720cm^{-1}$ 有吸收，表明分子中有 —$(CH_2)_{\overline{n}}$，$n>4$ 的键状结构。

③ 推断结构

综上所述，化合物为 CH_3—$(CH_2)_5$—C≡CH 即辛炔-1。

【例 2-6】 某未知物的分子式为 $C_{12}H_{24}$，试从其红外吸收光谱图 2-30 推出其结构。

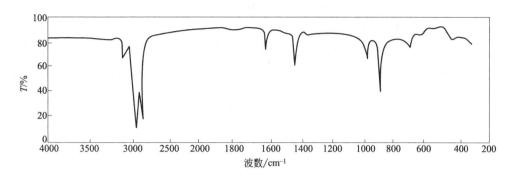

图 2-30 未知物 $C_{12}H_{24}$ 的红外光谱

解

(1) 由分子式计算不饱和度：$U=1+12+\dfrac{1}{2}(0-24)=1$，该化合物具有一个双键或一个环。

(2) 由 $3075cm^{-1}$ 处出现小的肩峰，说明存在烯烃 C—H 键伸缩振动，在 $1640cm^{-1}$ 处还出现强度较弱的 C—H 键伸缩振动，由以上两点表明此化合物为一烯烃。

(3) 在 $2800\sim3000cm^{-1}$ 处的吸收峰表明有—CH_3、—CH_2 存在，在 $2960cm^{-1}$、$2920cm^{-1}$、$2870cm^{-1}$、$2850cm^{-1}$ 处的强吸收峰表明存在—CH_3 和—CH_2—的 C—H 键的非对称和对称伸缩振动，且—CH_2—的数目大于—CH_3 的数目，从而推断此化合物为一直链烯烃。

(4) 在 $715cm^{-1}$ 出现的小峰，显示—CH_2 的面内摇摆振动，也表明长碳链的存在。

(5) 在 $980cm^{-1}$、$915cm^{-1}$ 处的稍弱吸收峰表明为次甲基和亚甲基产生的面外弯曲振动。

(6) 在 $1460cm^{-1}$ 处的吸收峰为—CH_3、—CH_2—的不对称剪式振动，$1375cm^{-1}$ 处为—CH_3 的对称剪式振动，其强度很弱，表明—CH_3 的数目很少。

由以上解析，可确定此化合物为 1-十二烯，分子式为：$CH_2{=}CH—(CH_2)_9—CH_3$。

【例 2-7】 有一分子式为 $C_7H_6O_2$ 的化合物，其红外光谱如图 2-31 所示，试推断其结构。

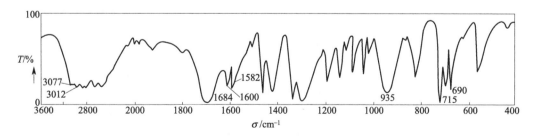

图 2-31 化合物 $C_7H_6O_2$ 的红外光谱

解

(1) 计算不饱和度 $U=1+7+\dfrac{1}{2}(0-6)=5$

(2) $1684cm^{-1}$ 强峰是 $\nu_{C=O}$ 的吸收，在 $3300\sim2500cm^{-1}$ 区域有宽而散的 ν_{O-H} 峰，并在

约 $935cm^{-1}$ 的 ν_{C-O} 位置有羧酸二聚体的 ν_{O-H} 吸收,在约 $1400cm^{-1}$、$1300cm^{-1}$ 处有羧酸的 ν_{C-O} 和 δ_{O-H} 的吸收,因此该化合物结构中含—COOH基团。

(3) $1600cm^{-1}$、$1582cm^{-1}$ 是苯环 $\nu_{C=C}$ 的特征吸收,$3070cm^{-1}$、$3012cm^{-1}$ 是苯环的 ν_{C-O} 的特征吸收,$715cm^{-1}$、$690cm^{-1}$ 是单取代苯的特征吸收,所以该未知化合物中肯定存在单取代的苯环。

(4) 因此,综上所述可知其结构为:

2. 定量分析

① 定量分析基本原理。与紫外吸收光谱一样,红外吸收光谱的定量分析也基于朗伯-比尔定律,即在某一波长的单色光,吸光度与物质的浓度呈线性关系。根据测定吸收峰峰尖处的吸光度 A 来进行定量分析。实际过程中吸光度 A 的测定有峰高法和基线法两种方法。峰高法是将测量波长固定在被测组分有明显的最大吸收而溶剂只有很小或没有吸收的波数处,分别测定样品及溶剂的透光率,根据两者透光率之差,求出吸光度。基线法是用直线来表示分析峰不存在时的背景吸收线,并用它来代替记录纸上的100%(透过坐标)。

② 定量分析测量和操作条件的选择。选择的条件有定量谱带的选择、溶剂的选择、选择合适的透射区域、测量条件的选择等方面。理想的定量谱带应该是孤立的,吸收强度大,遵守吸收定律,不受溶剂和样品中其他组分的干扰,尽量避免在水蒸气和 CO_2 的吸收峰位置测量。对于固体样品,由于散射强度和波长有关,所以选择的定量谱带最好在较窄的波数范围内。溶剂应能很好地溶解样品,与样品不发生化学反应,在测量范围内不产生吸收。为消除溶剂吸收带影响,可采用差谱技术计算。透射比应控制在20%~65%范围之间。定量分析要求 FTIR 仪器的室温恒定,每次开机后均应检查仪器的光通量,保持相对恒定。

③ 红外光谱定量分析方法。红外光谱定量分析的方法有工作曲线法、比例法、内标法和差示法。曲线法是在固定液层厚度及入射光的波长和强度的情况下,测定一系列不同浓度标准溶液的吸光度,以对应分析谱带的吸光度为纵坐标,标准溶液浓度为横坐标作图,得到一条通过原点的直线,该直线为标准曲线或工作曲线。在相同条件下测得试液的吸光度,从工作曲线上可查出试液的浓度。比例法是当工作曲线法的样品和标准溶液都使用相同厚度的液体吸收池,且其厚度可准确测定。当其厚度不定或不易准确测定时,可采用比例法。它的优点在于不必考虑样品厚度对测量的影响,这在高分子物质的定量分析上应用较普遍。内标法是当用 KBr 压片、糊状法或液膜法时,光通路厚度不易确定,在有些情况下可以采用内标法。内标法是比例法的特例。这个方法是选择一标准化合物,它的特征吸收峰与样品的分析峰互不干扰,取一定量的标准物质与样品混合,将此混合物制成 KBr 片或油糊制红外吸收光谱图。差示法可用于测量样品中的微量杂质,例如有两组分 A 和 B 的混合物,微量组分 A 的谱带被主要组分 B 的谱带严重干扰或完全掩蔽,可用差示法来测量微量组分 A。很多红外光谱仪中都配有能进行差谱的计算机软件功能,对差谱前的光谱采用累加平均处理技术,对计算机差谱后所得的差谱图采用平滑处理和纵坐标扩展,可以得到十分优良的差谱图,以此可以得到比较准确的定量结果。

本章小结

一、紫外光谱

1. 主要名词和术语

电磁波谱，可见光，紫外光，复合光，单色光，互补光，吸收光谱曲线，最大吸收波长，透射比，吸光度，摩尔吸光系数，质量吸光系数，试剂参比，试液参比，溶剂参比，工作曲线，差示分光光度法，双波长分光光度法，生色团、助色团、红移、蓝移，溶剂效应、K 吸收带、E 吸收带、R 吸收带、B 吸收带。

2. 基本原理

光的基本特性，物质对光的选择性吸收，3 种分子吸收光谱（电子光谱、振动光谱、转动光谱）的产生，吸收定律的描述，数学表达式，应用条件，偏离光吸收定律的原因，吸光度加和性。

3. 仪器结构和使用

紫外-可见分光光度计类型及特点，仪器基本组成部分，工作流程和原理，主要部件的作用，使用条件，仪器检查和调校方法。

4. 可见分光光度分析法

显色反应条件、显色剂、显色反应的选择、显色条件的选择、入射光波长选择、参比溶液选择、吸收池选择、定量方法、分析误差来源，分光光度法应用（单组分、多组分、高含量组分、配位比和稳定常数测定方法等）。

5. 目视比色方法

方法原理和特点，比色方法，仪器条件，观察比较方法，浓度确定。

6. 紫外分光光度法

紫外光谱的产生（价电子类型，电子跃迁类型，吸收带类型）常见有机化合物的紫外吸收光谱特征，溶剂的影响，紫外定性方法和应用（未知液的鉴定、化合物纯度检定、结构分析）。

二、红外光谱

1. 红外吸收光谱法的概念、特点；

2. 红外吸收光谱法的基本原理（分子的能级及光谱、分子的振动光谱、红外吸收的条件、吸收强度）；

3. 红外吸收与物质结构的关系（基团特征频率及其影响因素，红外光谱区域的划分及常见基团的红外吸收）；

4. 红外光谱仪器（主要部件的基本结构、工作原理、仪器、工作流程、色散型与干涉型仪器的特点与区别）；

5. 红外吸收光谱法应用（样品制备、定性与结构分析、定量分析及其他应用）。

思考题与习题

1. 已知：$h = 6.63 \times 10^{-34}$ J·s 则波长为 0.01nm 的光子能量为（　　）。

   A. 12.4eV   B. 124eV   C. 12.4×10^5 eV   D. 0.124eV

2. 光量子的能量正比于辐射的（　　　）。

　　A. 频率　　　　　　B. 波长　　　　　　C. 周期　　　　　　　D. 传播速度

3. 下列四个电磁波谱区中，请指出能量最小者（　　　）。

　　A. X 射线　　　　　B. 红外区　　　　　C. 无线电波　　　　　D. 紫外和可见光区

4. 分子运动包括有电子相对原子核的运动（$E_{电子}$）、核间相对位移的振动（$E_{振动}$）和转动（$E_{转动}$）这三种运动的能量大小顺序为（　　　）。

　　A. $\Delta E_{振动} > \Delta E_{转动} > \Delta E_{电子}$　　　　　B. $\Delta E_{转动} > \Delta E_{电子} > \Delta E_{振动}$

　　C. $\Delta E_{电子} > \Delta E_{振动} > \Delta E_{转动}$　　　　　D. $\Delta E_{电子} > \Delta E_{转动} > \Delta E_{振动}$

5. 在分光光度法中，运用朗伯-比尔定律进行定量分析采用的入射光为（　　　）。

　　A. 白光　　　　　　B. 单色光　　　　　C. 可见光　　　　　　D. 紫外光

6. 指出下列哪种因素对朗伯-比尔定律不产生偏差？（　　　）。

　　A. 溶质的离解作用　　　　　B. 杂散光进入检测器

　　C. 溶液的折射指数增加　　　　D. 改变吸收光程长度

7. 在分光光度法中，以_____为纵坐标，以_____为横坐标作图，可得光吸收曲线。

8. 紫外-可见分光光度法定量分析中，实验条件的选择包括_____等方面。

9. 在紫外-可见分光光度法中，吸光度与吸光溶液的浓度遵从的关系式为_____。

10. 对于紫外及可见分光光度计，在可见光区可以用玻璃吸收池，而紫外光区则用_____吸收池进行测量。

11. 在有机化合物中，常常因取代基的变更或溶剂的改变，使其吸收带的最大吸收波长发生移动，向长波方向移动称为_____，向短波方向移动称为_____。

12. 有机化合物中电子跃迁主要有哪几种类型？这些类型的跃迁各处于什么波长范围？

13. 何谓助色团及生色团？试举例说明。

14. 采用什么方法可以区别 n→π* 和 π→π* 跃迁类型？

15. 何谓朗伯-比尔定律（光吸收定律）？数学表达式及各物理量的意义如何？引起吸收定律偏离的原因是什么？

16. 试比较可见分光光度法与紫外可见分光光度计的区别。

17. 某化合物的在己烷中的吸收峰频率为 305nm，而乙醇中的吸收峰频率为 307nm。试问：引起该吸收的是 n→π* 还是 π→π* 跃迁？

18. 某化合物的最大吸收波长 $\lambda_{max} = 280nm$，光线通过该化合物的 1.0×10^{-5} mol/L，溶液时，透射比为 50%（用 2cm 吸收池），求该化合物在 280nm 处的摩尔吸收系数。

19. 某亚铁螯合物的摩尔吸收系数为 12000L/(mol·cm)，若采用 1.00cm 的吸收池，欲把透光率读数限制在 0.200～0.650 之间，分析的浓度范围是多少？

20. 以丁二酮肟光度法测定微量镍，若配合物 $NiDx_2$ 的浓度为 1.70×10^{-5} mol/L，用 2.0cm 吸收池在 470nm 波长下测得透光率 30.0%。计算配合物在该波长的摩尔吸光系数。

21. 以邻二氮菲光度法测定 Fe(Ⅱ)，称取试样 0.500g，经处理后，加入显色剂，最后定容为 50.0mL。用 1.0cm 的吸收池，在 510nm 波长下测吸光度 $A = 0.430$。计算试样中铁的百分含量；当溶液稀释 1 倍后，其百分透射比将是多少？[$\varepsilon_{510} = 1.1 \times 10^4$ L/(mol·cm)]

22. 称取 0.4994g $CuSO_4 \cdot 5H_2O$ 溶于 1L 水中，取此标准溶液 1mL、2mL、3mL、4mL、5mL、6mL 入 6 支比色管中，加浓氨水 5mL，用水稀至 25mL 刻度，制成标准色阶。称取含铜试样 0.5g，溶于 250mL 水中，吸取 5mL 试液放入比色管中，加浓氨水，用水稀至 25mL，其颜色深度与第四个比色管的标准溶液相同。求试样中铜的质量分数。

23. 红外光谱是（　　　）。

　　A. 分子光谱　　　B. 原子光谱　　　C. 吸光光谱　　　D. 电子光谱　　　E. 振动光谱

24. 当用红外光激发分子振动能级跃迁时，化学键越强，则：

A. 吸收光子的能量越大　　　B. 吸收光子的波长越长　　　C. 吸收光子的频率越大

D. 吸收光子的数目越多　　　E. 吸收光子的波数越大

25. 在下面各种振动模式中，不产生红外吸收的是（　　）。

　　A. 乙炔分子中 —C≡C— 对称伸缩振动

　　B. 乙醚分子中 O—C—O 不对称伸缩振动

　　C. CO₂ 分子中 C—O—C 对称伸缩振动

　　D. H₂O 分子中 H—O—H 对称伸缩振动

　　E. HCl 分子中 H—Cl 键伸缩振动

26. 下面 5 种气体，不吸收红外光的是（　　）。

　　A. H₂O　　　B. CO₂　　　C. HCl　　　D. N₂　　　E. CH₄

27. 分子不具有红外活性的，必须是（　　）。

　　A. 分子的偶极矩为零　　　　　B. 分子没有振动　　　C. 非极性分子

　　D. 分子振动时没有偶极矩变化　　E. 双原子分子

28. 预测以下各个键的振动频率所落的区域，正确的是（　　）。

　　A. O—H 伸缩振动数在 $4000\sim2500cm^{-1}$

　　B. C—O 伸缩振动波数在 $2500\sim1500cm^{-1}$

　　C. N—H 弯曲振动小数在 $4000\sim2500cm^{-1}$

　　D. C—N 伸缩振动波数在 $1500\sim1000cm^{-1}$

　　E. C≡N 伸缩振动在 $1500\sim1000cm^{-1}$

29. 同是碳氢键，但在红外光谱中其伸缩振动频率并不相同，以下 5 种说法正确的是（　　）。

　　A. C—C—H 的频率比 C=C—H 大

　　B. C—C—H 的频率比 C=C—H 小

　　C. C—C—H 的频率比 ⟨苯环⟩—H 大

　　D. C—C—H 的频率比 C≡N—H 小

　　E. 随着碳杂化轨道中 s 成分增加，力常数增大，使 C—H 的伸缩振动频率增大

30. 试比较以下 5 个化合物，羰基伸缩振动的红外吸收波数最大者是（　　）。

　　A. R—C—R′　　　B. R—C—H　　　C. R—C—OR′　　　D. R—C—Cl　　　E. Cl—C—Cl
　　　　 ‖　　　　　　　 ‖　　　　　　　 ‖　　　　　　　　 ‖　　　　　　 ‖
　　　　 O　　　　　　　 O　　　　　　　 O　　　　　　　　 O　　　　　　 O

31. 共轭效应使双键性质按下面哪一种形式改变？

　　A. 使双键电子密度下降　　　B. 双键略有伸长　　　C. 使双键的力常数变小

　　D. 使振动频率减小　　　　　E. 使吸收光电子的波数增加

32. 以下 5 个化合物羰基伸缩振动的红外吸收波数最小的是（　　）。

　　A. R—C—R′　　　B. R—C—H　　　C. R—C—CH=CH—R′
　　　　 ‖　　　　　　　 ‖　　　　　　　 ‖
　　　　 O　　　　　　　 O　　　　　　　 O

　　D. R—C—⟨苯环⟩　　　E. R—CH=C—C—⟨苯环⟩
　　　　 ‖　　　　　　　　　　　 ‖
　　　　 O　　　　　　　　　　　 O

33. 以下 5 个化合物中的 C=C 伸缩振动频率最小的是（　　）。

　　A. ⟨六元环⟩　　　B. ⟨五元环⟩　　　C. ⟨四元环⟩　　　D. ⟨三元环⟩　　　E. ⟨四元环=CH₂⟩

34. 下面 5 个化合物中的，C=O 伸缩振动频率最大的是（　　）。

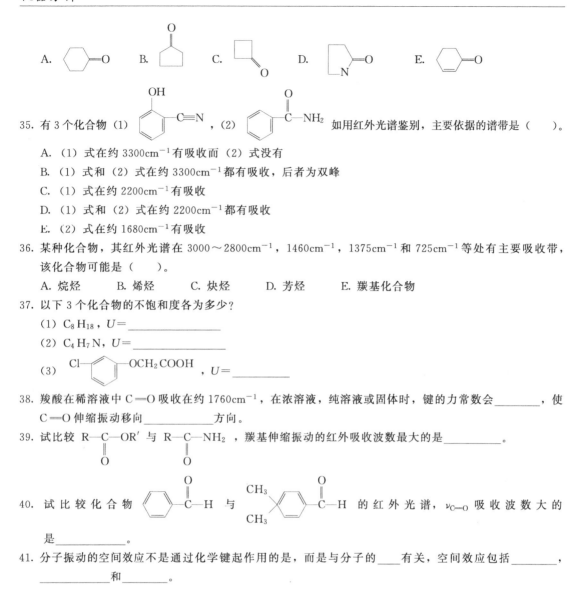

A. ⬡—O   B. ⬠—O   C. ▢—O   D. ⬠_N—O   E. ⬡—O

35. 有 3 个化合物 （1）邻羟基苯腈，（2）苯甲酰胺 如用红外光谱鉴别，主要依据的谱带是 （   ）。

   A. （1）式在约 3300cm^{-1} 有吸收而（2）式没有

   B. （1）式和（2）式在约 3300cm^{-1} 都有吸收，后者为双峰

   C. （1）式在约 2200cm^{-1} 有吸收

   D. （1）式和（2）式在约 2200cm^{-1} 都有吸收

   E. （2）式在约 1680cm^{-1} 有吸收

36. 某种化合物，其红外光谱在 3000～2800cm^{-1}，1460cm^{-1}，1375cm^{-1} 和 725cm^{-1} 等处有主要吸收带，该化合物可能是 （   ）。

   A. 烷烃   B. 烯烃   C. 炔烃   D. 芳烃   E. 羰基化合物

37. 以下 3 个化合物的不饱和度各为多少？

   （1）C_8H_{18}，$U=$ _____

   （2）C_4H_7N，$U=$ _____

   （3）Cl—⬡—OCH$_2$COOH，$U=$ _____

38. 羧酸在稀溶液中 C=O 吸收在约 1760cm^{-1}，在浓溶液，纯溶液或固体时，键的力常数会 _____，使 C=O 伸缩振动移向 _____ 方向。

39. 试比较 R—C—OR′ 与 R—C—NH$_2$，羰基伸缩振动的红外吸收波数最大的是 _____。
        ‖   ‖
        O   O

40. 试比较化合物 ⬡—C—H 与 CH$_3$—⬡—C—H（带CH$_3$）的红外光谱，$\nu_{C=O}$ 吸收波数大的是 _____。

41. 分子振动的空间效应不是通过化学键起作用的是，而是与分子的 ____ 有关，空间效应包括 _____，_____ 和 _____。

实训 2-1　邻二氮菲分光光度法测定微量铁

一、实训目的

① 了解邻二氮菲测定铁的基本原理及基本条件。熟悉绘制吸收曲线的方法，正确选择测定波长。

② 学习绘制标准曲线的方法。掌握 721 型或 722 型分光光度计的正确使用方法，了解此仪器的结构。

二、测定原理

邻二氮菲（又名邻菲咯啉）是测定铁的一种良好的显色剂在 pH = 2.0～9.0 的溶液中，Fe^{2+} 与邻二氮菲生成稳定的橙红色配合物，配合物的配位比为 3:1。测定时，如果铝和磷酸盐含量高或酸度高，则反应进行缓慢；酸度太低，则 Fe^{2+} 易水解，影响显色。本实验采用 HAc-NaAc 缓冲溶液（pH 为 5.0～6.0）调整溶液的 pH，使溶液显色完全。

Fe^{3+} 与邻二氮菲作用形成蓝色配合物，稳定性较差，因此在实际应用中常加入还原剂盐酸羟胺或对苯二酚使 Fe^{3+} 还原为 Fe^{2+}。

Bi^{3+}、Cd^{2+}、Hg^{2+}、Zn^{2+} 及 Ag^+ 等离子与邻二氮菲作用生成沉淀，干扰测定。CN^- 存在将与 Fe^{2+} 生成配合物，干扰也很严重。以上离子应事先设法除去。实验证实，相当于铁量 40 倍的 Sn^{2+}、Al^{3+}、Ca^{2+}、Mg^{2+}、Zn^{2+}、SiO_3^{2-}，20 倍的 Cr^{3+}、Mn^{2+}、VO_3^-、PO_4^{3-}，5 倍的 Co^{2+}、Ni^{2+}、Cu^{2+} 等离子不干扰测定。本法测铁灵敏度高，选择性好，稳定性高。

三、仪器与试剂

1. 仪器

721 型或 722 型分光光度计；容量瓶（50mL，7 只）、吸量管（10mL，2 只）。

2. 试剂

铁标准溶液（$100\mu g/mL$）；铁标准溶液（$10\mu g/mL$）；10％盐酸羟胺溶液（临用时配制）；0.15％邻二氮菲溶液（临用时配制）；HAc-NaAc 缓冲溶液（pH≈5.0）。

四、测定步骤

1. 显色溶液的配制

取 50mL 容量瓶 7 只，分别准确加入 $10.00\mu g/mL$ 的铁标准溶液 0.00、2.00mL、4.00mL、6.00mL、8.00mL、10.00mL 及试样溶液 5.00mL，再于各容量瓶中分别加入 10％盐酸羟胺 1mL、HAc-NaAc 缓冲溶液 5mL 及 0.15％邻二氮菲溶液 2mL，每加一种试剂后均摇匀再加另一种试剂，最后用水稀释到刻度，充分摇匀，放置 5min 待用。

2. 比色皿间读数误差的校正

3. 测绘吸收曲线及选择测量波长

选用加有 6.00mL 铁标准溶液的显色溶液，以不含铁标准溶液的试剂溶液为参比，用 2cm 比色皿，在 721 型或 722 型分光光度计上从波长 450～550nm 间，每隔 20nm 测定一次吸光度 A 值在最大吸收波长左右，再每隔 5nm 各测一次。测定结束后，以测量波长为横坐标，以测得的吸光度为纵坐标，绘制吸收曲线。选择吸收曲线的峰值波长为本实验的测量波长，以 λ_{max} 表示。

4. 标准曲线的绘制

在选定波长 λ_{max} 下用 2cm 比色皿，以相同参比溶液测量铁标准系列的吸光度值。再以吸光度为纵坐标，总铁含量（$\mu g/mL$）为横坐标，绘制标准曲线。

5. 试样的分析

在相同条件下测定试样的吸光度值，从标准曲线上查出其所对应的铁含量，即为试样溶液的浓度，由此可计算出试样的原始浓度（$\mu g/mL$）。

五、数据记录和处理

（1）实验所用仪器型号：＿＿＿型分光光度计　　　实验所用比色皿规格：＿＿＿ cm 比色皿

（2）吸收曲线的绘制

作图查得吸收曲线的峰值波长：$\lambda_{max} =$ ＿＿＿＿＿ nm

波长/nm	450	470	490	505	510	515	520	530	550
A									

（3）标准曲线的绘制

序　号	0	1	2	3	4	5
吸取体积/mL	0	2.00	4.00	6.00	8.00	10.00
浓度/(μg/50mL)	0					

（4）试样溶液的吸光度 $A_x = $ _____；从标准曲线上查出的浓度 $c_x = $ _____ μg/50mL

由下式计算出试样的原始浓度：

$$c_0 = \frac{c_x \times 50\text{mL}}{5\text{mL}} = \text{_____} \mu\text{g/mL}$$

实训 2-2　分光光度法测定铬和钴的混合物

一、实训目的

① 掌握分光光度法测定双组分的原理和方法。

② 熟练使用分光光度计。

③ 掌握标准曲线法测定步骤。

二、测定原理

分光光度法定量时经常遇到试样中含有多种吸光物质的情况，但由于吸光度具有加和性，所以在实验中可以不经分离而对混合物进行多组分分析。

如果混合物中各组分的吸收带互有重叠，只要它们能符合朗伯-比尔定律，即可对 n 个组分在 n 个适当波长下进行 n 次吸光度测定，然后解 n 元联立方程，可求算出各个组分的含量。以两组分测定为例，若用 1cm 比色皿，分别在波长 λ_1 和 λ_2 处测定混合溶液的吸光度，由此可以列出二元一次方程组，解此方程组即可。

三、仪器与试剂

1. 仪器

721 型或 722 型分光光度计；容量瓶（25mL，9 个），吸量管（10mL，3 支）。

2. 试剂

$K_2Cr_2O_7$ 溶液（30μg/mL）；$Co(NO_3)_2$ 标准溶液（0.350mol/L）；$Cr(NO_3)_3$ 标准溶液（0.100mol/L）。

四、测定步骤

1. 比色皿间读数误差的校正

2. 溶液的配制

取 8 个 25mL 容量瓶，分别加入 2.50mL、5.00mL、7.50mL、10.00mL 0.350mol/L 的 $Co(NO_3)_2$ 溶液和 2.50mL、5.00mL、7.50mL、10.00mL 0.100mol/L 的 $Cr(NO_3)_3$ 溶液。用水稀释到刻度，摇匀。

另取一个 25mL 容量瓶，加入未知试样溶液 10.00mL，用水稀释至刻度，摇匀。

3. 波长的选择

分别取含 $Co(NO_3)_2$ 标准溶液 5.00mL 和含 $Cr(NO_3)_3$ 标准溶液 5.00mL 的两个容量瓶的溶液测绘吸收曲线。用 1cm 比色皿，以蒸馏水为参比溶液，从 420nm 到 700nm，每隔

20nm 测定一次吸光度，吸收峰附近应多测几点。将两种溶液的吸收曲线绘在同一坐标系内，根据吸收曲线选择最大吸收峰的波长 λ_1 和 λ_2。

4. 吸光度的测量

以蒸馏水作为参比溶液，使用检验合格的一组 1cm 比色皿，在波长 λ_1 和 λ_2 处，分别测量上述配制好的 9 个溶液的吸光度。

五、数据记录及处理

（1）实验用仪器型号：_____型分光光度计；实验用比色皿规格：_____cm 比色皿

（2）测量波长 λ_1 和 λ_2 的选择：

① 不同波长下 Co^{2+} 溶液吸光度

λ/nm	440	460	480	500	505	510	515	520	540	560	580	600	620	640	660	680
A																

② 绘制 Co^{2+} 溶液的吸收曲线，选择测定波长 $\lambda_1 =$ _____ nm

③ 测定不同波长下 Cr^{3+} 溶液吸光度

λ/nm	420	440	460	480	500	520	540	560	565	570	575	580	600	620	640	660
A																

④ 绘制 Cr^{3+} 溶液的吸收曲线，选择测定波长 $\lambda_2 =$ _____ nm

（3）摩尔吸光系数的测定：

① 测定 $Co(NO_3)_2$ 和 $Cr(NO_3)_3$ 两标准系列溶液的吸光度

标 准 溶 液	$Co(NO_3)_2$,0.350mol/L				$Cr(NO_3)_3$,0.100mol/L			
取样量/mL	2.50	5.00	7.50	10.0	2.50	5.00	7.50	10.0
稀释后浓度/(mol/L)								
A_{λ_1}								
A_{λ_2}								

② 绘制 $Co(NO_3)_2$ 溶液和 $Cr(NO_3)_3$ 溶液分别在 λ_1 及 λ_2 处的标准曲线（共 4 条）。绘制时坐标分度的选择应使标准曲线的倾斜度在 45°左右。

③ 求出 4 条直线的斜率即摩尔吸光系数分别为：

Co^{2+} 溶液 $\varepsilon_{\lambda_1} =$ _____ $\varepsilon_{\lambda_2} =$ _____

Cr^{3+} 溶液 $\varepsilon_{\lambda_1} =$ _____ $\varepsilon_{\lambda_2} =$ _____

（4）试样溶液中 Co^{2+} 和 Cr^{3+} 的测定

测定波长/nm	λ_1	λ_2
A^{Co+Cr}		

（5）通过解方程组，计算出试液中 Co^{2+} 和 Cr^{3+} 的浓度及试样的原始浓度（mol/L）。

实训 2-3　紫外分光光度法测定苯甲酸含量

一、实训目的

① 掌握紫外分光光度法测定有机物质的原理和方法。

② 熟练使用紫外-可见分光光度计。

③ 学习紫外吸收光谱曲线的绘制方法。

二、测定原理

苯甲酸的分子式 ，由此可见它会产生 $\pi \to \pi^*$ 跃迁和 $n \to \pi^*$ 跃迁，苯甲酸在 λ_{227} 处有强吸收。

紫外吸收定量测定与可见分光光度法相同。在一定波长和一定比色皿厚度下，绘制工作曲线，由工作曲线找出未知试样中苯甲酸含量即可。

三、仪器与试剂

1. 仪器

紫外分光光度计（7504 型）；石英比色皿（1cm，2 个）；容量瓶（100mL）；吸量管（1mL、2mL、5mL、10mL 各 1 只）。

2. 试剂

苯甲酸标准溶液（1mg/mL）；未知液（浓度约为 $50 \sim 55\mu g/mL$）。

四、测定步骤

1. 吸收池配套性检查

石英吸收池在 220nm 装蒸馏水，以一个吸收池为参比，调节 τ 为 100%，测定另一吸收池的透射比，其偏差应小于 0.5%，可配成一套使用，记录第二比色皿的吸光度值作为校正值。

2. 吸收曲线的绘制

准确吸取未知液 5mL，于 100mL 容量瓶中配成浓度约为 $10\mu g/mL$ 的待测溶液，以蒸馏水为参比，于波长 $200 \sim 300nm$ 范围内测定吸光度，作吸收曲线，从曲线上查得最大吸收波长（227nm 附近）。

3. 标准曲线的绘制

准确吸取苯甲酸标准溶液若干体积，稀释成一系列不同浓度的标准溶液（$0 \sim 16\mu g/mL$），于最大吸收波长分别测出其吸光度。然后以浓度为横坐标，以相应的吸光度为纵坐标绘制出标准曲线。

4. 样品测定

将样品测量出的吸光度数值，从标准曲线查出样品的浓度。

五、数据处理与计算

根据未知液的稀释倍数，可求出未知溶液的浓度。

$$c_0 = \frac{c_x \times 100\text{mL}}{5\text{mL}} = \underline{\qquad} \mu g/mL$$

实训 2-4　苯甲酸红外吸收光谱的测定（压片法）

一、实训目的

① 掌握一般固体样品的制样方法以及压片机的使用方法。

② 了解红外光谱仪的工作原理。

③ 掌握红外光谱仪的一般操作。

二、测定原理

不同的样品状态（固体、液体、气体以及黏稠样品）需要相应的制样方法。制样方法的选择和制样技术的好坏直接影响谱带的频率、数目和强度。对应像苯甲酸这样的粉末样品常采用压片法。实际方法是：将研细的粉末分散在固体介质中，并用压片机压成透明的薄片后测定。固体分散介质一般是金属卤化物（如 KBr），使用时要将其充分研细，颗粒直径最好小于 $2\mu m$（因为中红外的波长是从 $2.5\mu m$ 开始的）。

三、仪器与试剂

1. 仪器

WQF410 型或其他型号的红外光谱仪；压片机、模具和样品架；玛瑙研钵；不锈钢药匙；红外灯。

2. 试剂

干燥苯甲酸（分析纯）；干燥溴化钾（光谱纯）；无水乙醇（分析纯）；擦镜纸。

四、测定步骤

1. 开机

打开红外光谱仪主机电源，打开计算机，预热 20min 后进入 FX80 软件。

2. 固体样品制备

将固体样品苯甲酸（已干燥）$1\sim 3mg$，在玛瑙研钵中充分研细后，再加入 $100\sim 300mg$ 干燥的溴化钾，继续研磨至完全混匀。颗粒大小约为 $2\mu m$ 直径。将研好的混合物装于干净的压模内均匀铺洒，置压模于压片机上，慢慢均匀施加压力至约 30MPa 作用并维持 2min，再卸压，制成透明薄片。将该片装于样品架上，放于分光光度计的样品池处，从 $4000cm^{-1}$ 到 $600cm^{-1}$ 进行样品扫描，即得苯甲酸的红外谱图。

3. 红外光谱绘制

① 检测背景，设置增益值使 A/D（％）大约为 90％。

② 收集背景，扫描次数 64 次。

③ 样品扫描，插入制备好的样品，检测样品光谱调节增益使 A/D（％）大约为 90％，收集透射或吸收光谱，32 次扫描，保存。

④ 打印出试样的红外光谱图。

⑤ 关闭计算机，关闭红外光谱。

五、数据处理

（1）标出试样谱图上各主要吸收峰的波数值。

（2）选择试样苯甲酸的主要吸收峰，指出其归属。

六、思考题

（1）红外光谱定性分析的基本依据是什么？

（2）红外光谱分成哪两个重要区段？各区段有什么特点和用途？

（3）用压片法制样时，为什么要求研磨到颗粒粒度在 $2\mu m$ 左右？研磨时不在干燥环境下操作，图谱会出现什么情况？

第三章 分子发光分析法

第一节 概 述

基态分子吸收了一定能量后，跃迁至激发态，当激发态分子以辐射跃迁形式将其能量释放返回基态时，便产生分子发光（molecular luminescence）。依据激发的模式不同，分子发光分为光致发光、热致发光、场致发光和化学发光等。光致发光按激发态的类型又可分为荧光（fluorescence）和磷光（phosphorescence）两种。本章主要介绍分子荧光（molecular fluorescence），分子磷光和化学发光（chemiluminescence）分析法。

测定光致发光或化学发光的强度可以定量测定许多痕量的无机物和有机物。相对于磷光和化学发光而言，目前荧光法的应用较多。发光法最重要的特征是它们的固有灵敏度高，检测限通常比吸收光谱法低 1～3 个数量级，可达 ng/mL 级，另外，光致发光的线性范围也常大于吸收光谱。但由于它们的高灵敏度，使得定量发光法常引入严重的基体干扰。因此发光法常与好的分离技术联用，如色谱、电泳等。由于发光法的高灵敏度，使它们成为液相色谱和毛细管电泳特别有效的检测器。

总的来说，荧光法在定量分析的应用要逊色于吸收光谱法，这是因为吸收紫外可见光的物质种类要比吸收相应区域辐射而产生光致发光的物质多。

第二节 分子荧光分析法

第一次记录荧光现象的是 16 世纪西班牙的内科医生和植物学家莫拉德（N. Monardes），他于 1575 年发现，在含有一种称为"Lignum Nephriticum"的木头切片的水溶液中，呈现出极为可爱的天蓝色。以后有一些学者也观察和描述过荧光现象，但对其本质及含义的认识都没有明显的进展。直到 1852 年，对荧光分析法具有开拓性工作的斯托克斯（Stokes）在考察奎宁和绿色素的荧光时，用分光计观察到其荧光的波长较入射光的波长稍为长些，这种现象不是由光的漫反射引起的，从而导入荧光是光发射的概念，并提出了"荧光"这一术语。他还研究了荧光强度与荧光物质浓度之间的关系，并描述了在高浓度或某些外来物质存在时的荧光猝灭现象。可以说，他是第一个提出应用荧光作为分析手段的人。1867 年，高贝勒斯莱德（Goppelsröder）应用铝-桑色素配位化合物的荧光测定铝，这是历史上首次进行的荧光分析工作。

进入 20 世纪以来，荧光现象的研究工作进入飞速发展时期，在理论和实验技术上都得到极大的发展。特别是近几十年来，在其他学科迅速发展的影响下，随着激光、计算机和电子学等一些新成就、新科学技术的引入，大大推动了荧光分析法在理论及实验技术上的发展，得出了许多新理论和新方法。

在我国，20 世纪 50 年代初期仅有极少数的分析工作者从事荧光分析方面的研究工作。

70 年代以后，已逐步形成一支在这个研究领域中的工作队伍。目前，研究内容已从经典的荧光分析方法扩展到新近发展起来的一些新方法和新技术。

一、分子荧光和磷光的产生

基态分子在受到紫外光、电能和化学能激发后，价电子从基态跃迁到高能级的分子轨道上称为电子激发态。激发态是很不稳定的，它将很快地释放出能量又重新跃迁回基态。若分子返回基态时以发射电磁辐射（即光）的形式释放能量，就称为"发光"。如果物质的分子吸收了光能而被激发，跃迁回基态所发射的电磁辐射，称为荧光或磷光。

在光致发光和电激发光的过程中，分子中的价电子可以处在不同的自旋状态，可用电子自旋状态的多重性（Multiplicity）来描述，用 $M=2S+1$ 表示。S 为各电子自旋量子数的代数和，其数值为 0 或 1。根据泡利不相容原理，分子中同一轨道所占据的两个电子必须具有相反的自旋方向，即自旋配对。若分子中所有电子都是自旋配对的，则 $S=0$，$M=1$，该分子便处于单重态（singlet state），用符号 S 表示；若分子中的电子对的电子自旋平行，即 $S=1$，$M=3$，则该电子态称为三重态（triplet state），用 T 表示。

基态为单重态的分子具有最低的电子能，该状态用 S_0 表示。S_0 态的一个电子受激跃迁到与它最近的较高分子轨道上且不改变自旋，即成为第一激发单重态 S_1，当受到能量更高的光激发且不改变自旋，就会形成第二激发单重态 S_2。如果电子在跃迁过程中改变了自旋方向，使分子具有两个自旋平行的电子，则该分子便处于第一激发三重态 T_1，或第二激发三重态 T_2。根据洪特（Hund）规则，在不同轨道上含有两个自旋相同电子的分子能量低于在同一轨道上有着两个自选相反电子的分子能量。因此在同一激发态中，三重态能级总是比单重态能级略低。图 3-1 为单重态及三重态激发示意。

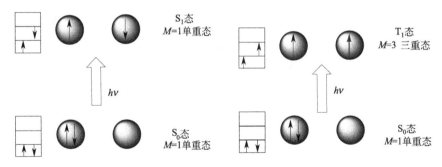

图 3-1　单重态及三重态激发示意

处于激发态的分子是很不稳定的，它可能通过辐射跃迁和非辐射跃迁的形式释放出多余的能量而返回基态。辐射跃迁主要涉及荧光、延迟荧光或磷光的发射。无辐射跃迁是指以热的形式释放多余的能量，包括振动弛豫、内部转移、系间窜跃及外部转移等过程。图 3-2 表示分子内所发生的各种光物理过程示意。

处于第一激发单重态最低振动能级（$\nu=0$）的分子，以辐射的形式跃迁回基态（S_0）的各振动能级，这个过程（$S_1 \rightarrow S_0$）为荧光发射，发射的荧光波长为 λ'_2。由于经过振动弛豫和内部转移的能量损失，因此荧光发射的能量比分子吸收的能量要小，荧光发射的波长比分子吸收的波长要长，即 $\lambda'_2 > \lambda_2$，$\lambda'_2 > \lambda_1$。第一激发单重态最低振动能级的平均寿命约为 $10^{-9} \sim 10^{-4}$ s，因此荧光寿命也在这一数量级。

激发态的电子经系间窜跃后到达激发三重态，经过迅速的振动弛豫而跃迁至第一激发三重态的最低振动能级，然后以辐射形式跃迁回基态的各振动能级，这个过程（$T_1 \rightarrow S_0$）为

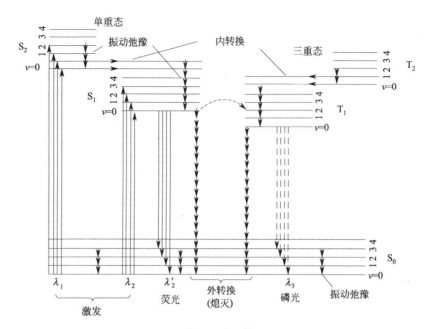

图 3-2　荧光和磷光体系能级

磷光发射。磷光在发射过程中不但要改变电子自旋，而且可以在亚稳的 T_1 态停留较长的时间，分子相互碰撞的无辐射能量损耗大。所以，磷光的波长比荧光更长些，即 $\lambda_3 > \lambda'_2$ 其寿命通常在 $10^{-4} \sim 100s$ 之间。为了抑制因分子运动和碰撞造成的无辐射能量损失，一般要在液氮冷却下使溶剂固化，在刚性玻璃态的溶剂中观测测试样品的磷光。例如，室温下菲的乙醇溶液荧（磷）光光谱如图 3-3 所示。

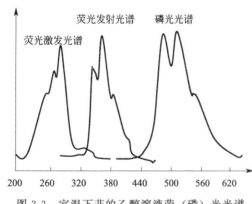

图 3-3　室温下菲的乙醇溶液荧（磷）光光谱

必须指出的是 T_1 还可能通过热激发而重新跃回 S_1，然后再由 S_1 经辐射跃迁回 S_0，发出荧光，这种荧光称为延迟荧光，其寿命与磷光相近，但波长比磷光短。不论何种荧光都是从 S_1 态的最低振动能级跃迁至 S_0 态的各振动能级产生的。所以同一物质在相同条件下观察到的各种荧光其波长完全相同，只是发射途径和寿命不同。延迟荧光在激发光源熄灭后，可拖后一段时间，但和磷光又有本质区别，同一物质的磷光波长总比发射荧光的波长长。

二、分子荧光的性质

荧光和磷光均属于光致发光，所以都涉及两种辐射，即激发光（吸收光）和发射光，因而也都具有两种特征光谱，即激发光谱和发射光谱。它们是荧光和磷光定性和定量分析的基本参数及依据。

1. 激发光谱（excitation spectrum）

既然荧光是一种光致发光现象，那么由于分子对光的选择性吸收，不同波长的入射光便具有不同的激发效率。如果固定荧光的发射波长（即测定波长）而不断改变激发光（即入射光）的波长，并记录相应的荧光强度，所得到的荧光强度对激发波长的谱图称为荧光的激发光谱。它反映了在某一固定的发射波长下所测量的荧光强度与激发光波长之间的关系，为荧光分析选择最佳激发波长（常用 λ_{ex} 表示）提供依据。

2. 发射光谱（emission spectrum）

如果使激发光的波长和强度保持不变，而不断改变荧光的测定波长（即发射波长），并记录相应的荧光强度，所得到的荧光强度对发射波长的谱图则为荧光的发射光谱。它反映了在某一固定的激发波长下所测量的荧光的波长分布。通过发射光谱可选择最佳发射波长，即发射强度最大的波长，常用 λ_{em} 表示。

3. 激发光谱与发射光谱的特征

（1）斯托克斯（Stokes）位移

在溶液荧光光谱中，所观察到的荧光发射波长总是大于激发波长（$\lambda_{em} > \lambda_{ex}$），斯托克斯（Stokes）在 1852 年首次观察到这种波长位移的现象，因而称为斯托克斯位移。斯托克斯位移说明了在激发与发射之间存在着一定的能量损失。如前所述，激发态分子在发射荧光之前，很快经历了振动松弛或内转化过程而损失部分激发能，致使发射相对于激发有一定的能量损失，这是产生斯托克斯位移的主要原因。其次，辐射跃迁可能只使激发态分子衰变到基态的不同振动能级，然后通过振动松弛进一步损失振动能量，这也导致了斯托克斯位移。此外，溶剂效应以及激发态分子所发生的反应，也将进一步加大斯托克斯位移现象。

（2）发射光谱的形状通常与激发波长无关

虽然分子的吸收光谱可能含有几个吸收带，但其发射光谱却通常只含有一个发射带。绝大多数情况下即使分子被激发到 S_2 电子态以上的不同振动能级，然而由于内转化和振动松弛的速率是非常快，以致很快地丧失多余的能量而衰变到 S_1 态的最低振动能级，然后发射荧光，因而其发射光谱通常只含有一个发射带，且发射光谱的形状与激发波长无关，只与基态中振动能级的分布情况以及各振动带的跃迁概率有关。

（3）镜像规则

图 3-4 分别表示苝的苯溶液和硫酸奎宁的稀硫酸溶液的吸收光谱和荧光发射光谱。可以看出，它们的荧光发射光谱与它们的吸收光谱之间存在着"镜像对称"关系。

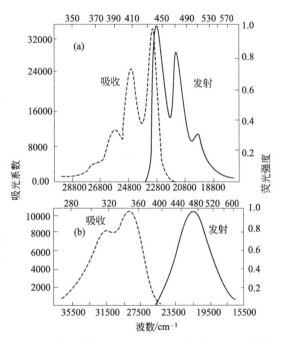

图 3-4　苝的苯溶液（a）和硫酸奎宁的稀硫酸溶液（b）的吸收光谱和荧光发射光谱

这是因为荧光发射通常是由处于第一电子激发单重态最低振动能级的激发态分子的辐射跃迁而产生的，所以发射光谱的形状与基态中振动能级间的能量间隔情况有关系。吸收光谱中的第一吸收带是由于基态分子被激发到第一电子激发单重态的各个不同振动能级而引起的，而基态分子通常是处于最低振动能级的，因而第一吸收带的形状与第一电子激发单重态中振动能级的分布情况有关。一般情况下，基态和第一电子激发单重态中振动能级间的能量间隔情况彼此相似。此外，如果吸收光谱中某一振动带的跃迁概率大，则在发射光谱中该振动带的跃迁概率也大。由于上述两个原因，荧光发射光谱与吸收光谱的第一吸收带两者之间呈现"镜像对称"关系。当然，也存在少数偏离镜像对称规则的现象。

三、分子荧光的参数

1. 荧光效率

荧光效率又称为荧光量子产率，是指荧光物质吸收光后所发射的荧光的光子数与所吸收的激发光的光子数之比，表示物质将吸收的光能转化成荧光的本领，即

$$荧光效率(\Psi_f) = \frac{发射的光子数}{吸收的光子数} \tag{3-1}$$

在产生荧光的过程中，涉及许多辐射和无辐射跃迁过程。很明显，荧光效率将与每一个过程的速率常数有关。那么荧光效率可以以各种跃迁的速率常数来表示，即

$$\Psi_f = \frac{K_f}{K_f + \sum K_i} \tag{3-2}$$

式中，K_f 为荧光发射过程中的速率常数；$\sum K_i$ 为非辐射跃迁的速率常数之和。

2. 荧光强度

发射的荧光强度 I_f 应正比于该系统吸收的激发光的光强，即

$$I_f = \varphi_f I_a = \varphi_f (I_0 - I) \tag{3-3}$$

式中，I_0 为入射光强度；I 为通过厚度为 b 的介质后的光强。

根据比尔定律：
$$A = \lg \frac{I_0}{I} \qquad I = I_0 \times 10^{-A}$$

可得

$$I_f = \varphi_f I_0 (I - 10^{-A})$$

$$I_f = \varphi_f I_0 \left[2.3A - \frac{(-2.3A)^2}{2!} - \frac{(-2.3A)^3}{3!} \Lambda \right]$$

如果溶液很稀，吸光度 $A < 0.05$，则上式可简化为：

$$I_f = 2.3\varphi_f I_0 A = 2.3\varphi_f I_0 kbc \tag{3-4}$$

式中，k 为荧光分子的吸收系数；b 为液槽厚度；c 为荧光物质的浓度。

可见，当 $A < 0.05$ 时，荧光强度与物质的荧光效率、激发光强度、物质的摩尔吸收系数和溶液的浓度成正比。对于一给定物质，当激发光波长和强度一定时，荧光强度只与溶液的浓度有关。

$$I_f = Kc (定量分析依据) \tag{3-5}$$

由此可见，在低浓度时，荧光强度与物质的浓度呈线性关系。

3. 荧光与分子结构的关系

分子结构和化学环境是影响物质发射荧光和荧光强度的重要因素。通常，强荧光分子都具有大的共轭 π 键结构以及供电子取代基和刚性平面结构等，而饱和的化合物和只有孤立双键的化合物，不呈现显著的荧光。

最强且最有用的荧光物质大多是含有 $\pi \rightarrow \pi^*$ 跃迁的有机芳香化合物及其金属离子配合物，电子共轭度越大，越容易产生荧光；环越大，发光峰红移程度越大，发光也往往越强。具有一个芳环或具有多个共轭双键的有机化合物容易产生荧光，稠环化合物也会产生荧光。最简单的杂环化合物，如吡啶、呋喃、噻吩和吡咯等，不产生荧光。

取代基的性质对荧光体的荧光特性和强度具有强烈影响。苯环上的取代基会引起最大吸收波长的位移及相应荧光峰的改变。通常给电子基团，如—OH、—NH$_2$、—NR$_2$ 和—OR

等可使共轭体系增大，导致荧光增强；吸电子基团，如—Cl、—Br、—I、—COOH、—NHCOCH$_3$和—NO$_2$等使荧光减弱。具有刚性结构的分子容易产生荧光。

含有氮、氧、硫杂原子的有机物，如喹啉和芳酮类物质都含未键合的非键电子 n，电子跃迁多为 n→π* 型，系间窜跃强烈，荧光很弱或不发荧光，易与溶剂生成氢键或质子化从而强烈影响它们的发光特性。

不含氮、氧、硫杂原子的有机荧光体多发生 π→π* 类型的跃迁，这是电子自旋允许的跃迁，摩尔吸光系数大（ε 约为 10^4）、荧光辐射强，在刚性溶剂中常有与荧光强度相当的磷光。

四、荧光强度的主要影响因素

1. 溶剂极性

一般来说，电子激发态比基态具有更大的极性。溶剂的极性增强，对激发态会产生更大的稳定作用，结果使物质的荧光波长红移，荧光强度增大。例如，巯基喹啉的荧光峰和荧光效率见表 3-1 所列。

表 3-1 巯基喹啉在不同溶剂中的荧光峰和荧光效率

溶 剂	相对介电常数	荧光峰 λ/nm	荧光效率
乙腈	38.3	410	0.064
丙酮	21.5	405	0.055
氯仿	5.2	398	0.041
四氯化碳	2.24	390	0.002

2. 温度

大多数荧光物质都随其所在溶液的温度升高荧光效率下降，荧光强度减小。如荧光素钠的乙醇溶液在 -80℃时，其荧光效率可达 100%，当温度每增加 10℃时，荧光效率约减小 3%。显然，随着溶液温度升高，会增加分子间碰撞次数，促进分子内能的转化，从而导致荧光强度下降。为此，在许多荧光计的液槽上配有低温装置，以提高灵敏度。

3. 溶液 pH

当荧光物质为弱酸或弱碱时，溶液 pH 的改变对溶液的荧光强度有很大的影响。这是由于它们的分子和离子在电子构型上的差异。例如，苯酚离子化后，其荧光消失。

pH＝1，有荧光　　　　　　pH＝1.3，无荧光

但对两个苯环相连的化合物，又表现出相反的性能，分子形式无荧光，离子化后显荧光。如 α-奈酚：

OH　　　　　　　　　　O$^-$

无荧光　　　　　　　　　有荧光

因此，对具有荧光性质的弱酸弱碱而言，可将其分子和离子视为不同的品种，它们各有自己特殊的荧光效率和荧光光谱。

4. 荧光的猝灭

荧光分子与溶剂分子或其他溶质分子的相互作用引起荧光强度降低的现象称为荧光猝

灭。能够引起荧光强度降低的物质称为猝灭剂。引起溶液中荧光熄灭的原因很多，机理也很复杂。主要有碰撞猝灭、能量转移、氧的顺磁性作用及自猝灭和自吸收等。

另外，溶液中表面活性剂的存在，可以使荧光物质处于更有序的胶束微环境中，对处于激发单重态的荧光物质分子起保护作用，减小非辐射跃迁的概率，提高荧光效率。

五、荧光定量分析方法

1. 直接测定法

在荧光分析中，可以采用不同的实验方法以进行分析物质浓度的测定。其中最简单的是直接测定法。只要分析物质本身发荧光，便可以通过测量其荧光强度来测定其浓度。许多有机芳族化合物和生物物质都具有内在荧光的性质，往往可以直接进行荧光测定。当然，若有其他干扰物质存在时，则应预先采用掩蔽或分离的办法加以消除。

在实际操作中，荧光强度的测量通常是采用相对的测量方法，因而需要采用某种标准用来比较。最普通的校正方法是采用工作曲线法。即取已知量的分析物质，经过与试样溶液一样的处理后，配成一系列的标准溶液，并测定它们的荧光强度，再以荧光强度对标准溶液的浓度绘制工作曲线。然后由所测得的试样溶液的荧光强度对照工作曲线，以求出试样溶液中分析物质的浓度。

严格说来，标准溶液和试样溶液的荧光强度读数，都应扣除空白溶液的荧光强度读数。理想的或者真实的空白溶液，原则上应当具有与未知试样溶液中除分析物质以外的同样的组成。可是对于实际遇到的复杂分析体系，很少获得这种真实的空白溶液，在实验中通常只能采用近似于真实空白的试剂空白来代替。然而试剂空白无法校正原已存在于试样中的基体和杂质，如果这种基体和杂质的干扰不可能通过光谱的办法加以消除的话，就必须采用化学或者物理分离的办法。

2. 间接测定法

对于有些物质，它们本身不发荧光，或者因荧光量子产率很低而无法进行直接测定，便只能采用间接测定的办法。

间接测定的办法有多种，可按分析物质的具体情况加以适当的选择。例如荧光衍生法、荧光猝灭法、敏化荧光法等。

荧光衍生法是指通过某种手段使本身不发荧光的待分析物质，转变为另一种发荧光的化合物，再通过测定该化合物的荧光强度，可间接测定待分析物质。荧光衍生法大致可分为化学衍生法、电化学衍生法和光化学衍生法。

假如分析物质本身虽不发荧光，但却具有能使某种荧光化合物的荧光猝灭的能力，由于荧光猝灭的程度与分析物质的浓度有着定量的关系，那么通过测量荧光化合物荧光强度的下降程度，便可间接地测定该分析物质。例如，大多数过渡金属离子与具有荧光性质的芳族配位体配合后，往往使配位体的荧光猝灭，从而可间接测定这些金属离子。

倘若待分析物质不发荧光，但可以通过选择合适的荧光试剂作为能量受体，在待分析物受激发后，通过能量转移的办法，再由单重态-单重态（或三重态-单重态）的能量转移过程，将激发能传递给能量受体，使能量受体分子被激发，再通过测定能量受体所发射的发光强度，也可以对分析物质进行间接测定。通过这种方法也可以大大提高低浓度分析物质测定的灵敏度。例如，在滤纸上用萘作敏化剂以测定低浓度的蒽时，可使蒽的检测限提高达 3 个数量级。

六、荧光分光光度计

荧光分析仪器与大多数光谱分析仪器相似，主要有光源、单色器（滤光片和光栅）、样品池、检测器和记录显示装置五个部分。不同的是荧光分析仪器需要两个独立的波长选择系统，一个用于激发，一个用于发射。图 3-5 为荧光分光光度计基本部件示意。

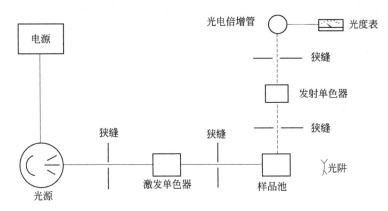

图 3-5　荧光分光光度计基本部件示意

1. 光源

激发光源应具有强度大、适用波长范围宽两个特点。常用光源有高压汞灯和氙弧灯。

高压汞灯是以汞蒸气放电发光的光源，它所发射的光谱与灯的汞蒸气压有关。主要有 365nm、405nm、436nm 的三条谱线，尤以 365nm 谱线最强，一般滤光片式的荧光计多采用它为激发光源。

氙弧灯通常就叫氙灯，是目前荧光分光分度计中应用最广泛的一种光源。它是一种短弧气体放电灯，外套为石英，内充氙气，室温时其压力为 $5.06 \times 10^5 Pa$，工作时压力为 $2.02 \times 10^6 Pa$，光强度大，在 $200 \sim 800nm$ 范围内是连续光谱。氙灯需用优质电源，以便保持氙灯的稳定性并延长其使用寿命。氙灯的灯内气压高，启动时的电压高（$20 \sim 40kV$），因此使用时一定要注意安全。

此外，高功率的可调谐染料激光器是一种新型的荧光激发光源。这种光源不需单色器和滤光片，具有单色性好、强度大、脉冲激光时间短而减少光敏物质的分解等优点。但是仪器设备较复杂，所以应用还不广泛。

2. 单色器

荧光分光光度计中有激发和发射两个独立的单色器。大多数荧光光度计一般采用两个光栅单色器，有较高的分辨率，能扫描图谱，既可获得激发光谱，又可获得荧光光谱。激发单色器作用：分离出所需要的激发光，选择最佳激发波长 λ_{ex}，用此激发光激发液池内的荧光物质。发射单色器作用：滤掉一些杂散光和杂质所发射的干扰光，用来选择测定用的荧光发射波长 λ_{em}，在选定的 λ_{em} 下测定荧光强度，进行定量分析。

3. 样品池

盛放测定溶液，主要有玻璃和石英两种，通常是方形池，四面都透光，只能用手拿棱或最上侧。

4. 检测器

把光信号转换成电信号，并放大转成荧光强度。荧光的强度一般较弱，要求检测器有较高的灵敏度，荧光光度计多采用光电倍增管。荧光分析比吸收光度法具有高得多的灵敏度，是因为荧光强度与激发光强度成正比，提高激发光强度可大大提高荧光强度。

5. 读出装置

以前，荧光仪器的读出装置有数字压力表，记录仪和阴极示波器等。数字压力表用于例行定量分析，既准确、方便又便宜。记录仪多用于扫描激发光谱和发射光谱。阴极示波器显示的速度较记录仪快得多，同时价格也贵得多。目前，计算机软硬件技术的发展使得人们可以根据不同的需要选择不同的直观的视频读出方式。

第三节 分子磷光分析法

磷光也是某些物质在紫外光照射下所发射的光，早期并没有与荧光明确的区分。1944年 Lewis 和 Kasha 提出了磷光与荧光的不同概念，指出磷光是分子从亚稳的激发三重态跃迁回基态所发射出的光，它有别于从激发单重态跃迁回基态所发射的荧光。磷光分析法由于具有某些特点，几十年来的理论研究及应用也不断得到发展。

磷光分析方法主要有低温磷光和室温磷光分析方法。目前，出现了固体表面室温磷光、胶束增敏室温磷光等方法，利用同步扫描、导数光谱、时间分辨和相分辨等技术扩展了磷光分析的应用，在药物分析、细胞生物学、生物化学、生命科学等领域测定痕量有机活性组分方面都得到了令人满意的结果。

一、低温磷光分析

低温磷光分析是指将试样溶于有机溶剂中，在液氮（温度 77K）条件下形成刚性玻璃状物质后，测量其磷光。这样可减小分子间的碰撞，防止磷光猝灭。所用的溶剂应具备下列条件：①易于制备和提纯；②能很好地溶解被分析物质；③在 77K 温度下应有足够的黏度并能形成明净的刚性玻璃体；④在所研究的光谱区背景要低，没有明显的光吸收和光发射现象。

所用溶剂在混合使用前必须通过萃取或蒸馏加以提纯，使用含有氯、溴、碘重原子的混合溶剂不但有利于系间窜跃，提高方法的灵敏度，还能利用重原子对磷光体的选择性作用，以及对磷光寿命影响的差异，达到提高分析选择性的目的。

二、室温磷光分析

低温磷光需要适当的低温条件，限制了它的应用及发展。室温磷光分析避免了低温条件，将试样固定在滤纸、硅胶、氧化铝、玻璃纤维、淀粉、溴化钾等基体上，以增加其刚性，减少三重态的碰撞猝灭，增强磷光的相对强度。

利用磷光物质溶解在胶束溶液中并进入胶束使磷光增强的现象而建立起来的磷光分析方法称为胶束稳定的溶液室温磷光分析（MS-RTP）。胶束明显增加了三重态的稳定性，因而磷光强度显著增强。环糊精是另一类能使分子高度有序化的介质，其中所含的葡萄糖分子因偶联而形成一个刚性的圆锥体结构，其中含有特定体积的憎水空腔，该空腔具有与许多有机或无机分子形成稳定配合物（inclusion complex）的能力，而这种配合物具有比较高的空间选择性。在室温下测定环糊精溶液中有关组分磷光信息的方法，称为环糊精室温磷光（CD-RTP）分析。这种方法具有选择性好、灵敏度高、光谱振动带的分辨率较好的特点，是很有发展前途的分子发光分析法。

第四节 化学发光分析法

化学发光（chemiluminescence）不是由光、热或电能而是由化学反应激发物质所产生的光辐射。

化学发光现象自 19 世纪中期就为人们所熟知，但应用于分析化学却是 20 世纪 50～60 年代的事。1970 年左右，化学发光法被推荐作为监测空气污染物的方法。70 年代后，液相化学发光分析得到快速发展。目前这一方法已广泛地应用于痕量元素分析，环境监测以及生物医学分析等领域，成为一种重要的痕量分析手段。

化学发光分析具有灵敏度极高；仪器设备简单，不需要光源及单色器；没有散射光及杂散光等引起的背景值；线性范围宽；分析速度快等优点。本法的局限性一是可供发光用的试剂目前尚有限；二是发光机理有待进一步研究。

一、化学发光分析的基本理论

化学发光是基于化学反应所提供的足够的能量，使其中一种反应产物分子的电子被激发，形成激发态分子，当它们从激发态跃回基态时，就发出一定波长的光。这一过程可用反应式表示如下：

$$A+B \longrightarrow C^* + D$$
$$C^* \longrightarrow C + h\nu$$

这里 C^* 是产物 C 的激发态。

化学发光反应的化学发光效率，又称为化学发光的总量子产率。它决定于生成激发态产物分子的化学激发效率和激发态分子的发射效率。定义为：

$$化学发光效率\ \varphi_{CL} = \frac{发射的光子数}{参加反应的分子数} = \varphi_r \varphi_f$$

它取决于生成激发态产物分子的化学效率 φ_r 和激发态分子的发光效率 φ_f 这两个因素。

$$化学效率\ \varphi_r = \frac{激发态分子数}{参加反应的分子数}$$

$$发光效率\ \varphi_f = \frac{发射的光子数}{激发态分子数}$$

化学反应的发光效率、光辐射的能量大小以及光谱范围，完全由参加反应物质的化学反应所决定。每一个化学发光反应都有其特征的化学发光光谱及不同的化学发光效率。化学发光反应的发光强度 I_{CL} 以单位时间内发射的光子数表示，它与化学发光反应的速率有关，而反应速率又与反应分子浓度有关。可用下式表示：

$$I_{CL(t)} = \varphi_{CL} \frac{dc}{dt}$$

如果反应是一级动力学反应，t 时刻的化学发光强度与该时刻的分析物浓度成正比，就可以通过检测化学发光强度来定量测定分析物质。在化学发光分析中通常用峰高表示发光强度，即峰值与被分析物浓度成线性关系。另一种分析方法是利用总发光强度与分析物浓度的定量关系，就是在一定的时间间隔里对化学发光强度进行积分，得到：

$$\int I_{CL} dt = \varphi_{CL} \int \frac{dc}{dt} dt = \varphi_{CL} c$$

如果取 $t_1 = 0$，t_2 为反应结束所需的时间，则得到整个反应产生的总发光强度，它与分析物浓度存在线性关系。

化学发光是某种物质分子吸收化学能而产生的光辐射。任何一个化学发光反应都包括两个关键步骤，即化学激发和发光。因此，一个化学反应要成为发光反应，必须满足两个条件：第一，反应必须提供足够的能量（170～300kJ/mol）；第二，这些化学能必须能被某种物质分子吸收而产生电子激发态，并且有足够的光量子产率。到目前为止，所研究的化学发光反应大多为氧化还原反应，且多为液相化学发光反应。

二、化学发光分析的主要类型

1. 直接化学发光和间接化学发光

化学发光反应可分直接发光和间接发光。直接发光是指被测物作为反应物直接参加化学发光反应，生成电子激发态产物分子，此初始激发态能够辐射光子，表示如下：

$$A+B \longrightarrow C^* +D$$
$$C^* \longrightarrow C+h\nu$$

式中，A 或 B 是被测物，通过反应生成电子激发态产物 C^*，当 C^* 跃迁回基态时，辐射出光子 $h\nu$。

间接发光是被测物 A 或 B 通过化学反应后生成初始态 C^*，C^* 不直接发光，而是将其能量转移给 F，使 F 处于激发态，当 F^* 跃迁回基态时，产生发光。可表示为：

$$A+B \longrightarrow C^* +D$$
$$C^* +F \longrightarrow F^*$$
$$F^* \longrightarrow F+h\nu$$

式中，C^* 为能量给予体；而 F 为能量接受体。例如，用罗丹明 β-没食子酸的乙醇溶液测定大气的臭氧（O_3），其化学发光反应就属这一类型。

$$没食子酸+O_3 \longrightarrow A^* +O_2$$
$$A^* +罗丹明 B \longrightarrow 罗丹明 B^* +A$$
$$罗丹明 B^* \longrightarrow 罗丹明 B+h\nu$$

没食子酸被 O_3 氧化时吸收反应所产生的化学能，形成受激中间体 A^*，而 A^* 又迅速将能量转给罗丹明 B，并使罗丹明 B 分子激发，处于激发态的罗丹明 B^* 分子回到基态时，发射出光子。该光辐射的最大发射波长为 584nm。

2. 气相化学发光和液相化学发光

按反应体系的状态来分类，如化学发光反应在气相中进行称为气相化学发光，在液相或固相中进行称为液相或固相化学发光，在两个不同相中进行则称为异相化学发光。

（1）气相化学发光

主要有 O_3、NO、S 的化学发光反应，可用于监测空气中的 O_3、NO、NO_2、H_2S、SO_2 和 CO 等。

臭氧与乙烯的化学发光反应机理是 O_3 氧化乙烯生成羰基化合物的同时产生化学发光，发光物质是激发态的甲醛。

$$CH_2{=\!=}CH_2+O_3 \longrightarrow \left[\begin{array}{c} O \\ O \quad O \\ H_2C \quad CH_2 \end{array} \right] \longrightarrow \left[\begin{array}{c} O{-\!-}O \\ H_2C \quad CH_2 \\ O \end{array} \right]$$

$$\longrightarrow HCOOH+CH_2O^*$$
$$CH_2O^* \longrightarrow CH_2O+h\nu$$

这个气相化学发光的最大波长为 435nm，发光反应对 O_3 是特效的，线性响应范围为 1ng/mL～1μg/mL。

一氧化氮与臭氧的气相化学发光反应有较高的化学发光效率，其反应机理为：

$$NO+O_3 \longrightarrow NO_2^* +O_2$$

$$NO_2{}^* \longrightarrow NO_2 + h\nu$$

这个反应的发射光谱范围为 $600 \sim 875nm$，灵敏度可达 $1ng/mL$。若需同时测定大气中的 NO_2 时，可先将 NO_2 还原为 NO，测得 NO 总量后，从总量中减去原试样中 NO 的含量，即为 NO_2 的含量。

SO_2、NO、CO 等都能与氧原子进行气相化学光反应，它们的反应分别为：

$$O + O + SO_2 \longrightarrow SO_2{}^* + O_2$$
$$SO_2{}^* \longrightarrow SO_2 + h\nu$$

此反应的最大发射波长为 $200nm$，测定灵敏度可达 $1ng/mL$。

$$O + NO_2 \longrightarrow NO_2{}^*$$
$$NO_2{}^* \longrightarrow NO_2 + h\nu$$

发射光谱范围为 $400 \sim 1400nm$，测量灵敏度可达 $1ng/mL$。

$$CO + O \longrightarrow CO_2{}^*$$
$$CO_2{}^* \longrightarrow CO_2 + h\nu$$

发射光谱范围为 $300 \sim 500nm$，测定灵敏度可达 $1ng/mL$。

这些反应的关键是要求有一个稳定的氧原子源，一般可由 O_3 在 $1000{}^\circ\!C$ 的石英管中分解为 O_2 和 O 而获得。

火焰化学发光，氮的氧化物（如 NO_2、NO 等）及挥发性的硫化物（如 SO_2、H_2S、CH_3SH 等）富氢火焰中燃烧都会发生化学发光。

$$H + NO_2 \longrightarrow NO + OH, NO + H \longrightarrow HNO^*$$
$$HNO^* \longrightarrow HNO + h\nu（最大发射波长为 690nm）$$
$$SO_2 + 2H_2 \longrightarrow S + 2H_2O, S + S \longrightarrow S_2{}^*$$
$$S_2{}^* \longrightarrow S_2 + h\nu（最大发射波长为 394nm）$$

（2）液相化学发光

用于这一类化学发光分析的发光物质有鲁米诺、光泽精、洛粉碱等，其中鲁米诺化学发光反应机理研究得最久，其化学发光体系已用于分析化学测量痕量的 H_2O_2 以及 Cu、Mn、Co、V、Fe、Cr、Ce、Hg 和 Th 等金属离子。鲁米诺是 3-氨基苯二甲酰肼，它产生化学发光反应的 φ_{CL} 为 $0.01 \sim 0.05$。

鲁米诺在碱性溶液中形成叠氮醌（a），叠氮醌在碱性溶液中与氧化剂如 H_2O_2 作用生成不稳定的桥式六元环过氧化物中间体（b）。然后再转化为激发态的氨基邻苯二甲酸根离子（c），其价电子从第一电子激发态的最低振动能级层跃迁回基态中各个不同振动能级层时，产生最大发射波长为 $425nm$ 的光辐射，整个反应历程可表示如下：

以上的化学发光反应的速率很慢，但某些金属离子（如在本节开始所提到的金属离子）会催化这一反应，增强发光强度。利用这一现象可以测定这些金属离子。

还可将分析物通过酶的转化，生成化学发光反应物，然后再进行化学发光反应，根据化学发光强度间接测定被分析物。例如，葡萄糖在葡萄糖氧化酶的催化下进行氧化反应，反应

产物 H_2O_2 可通过鲁米诺化学发光反应进行测定，从而间接测定葡萄糖。

$$葡萄糖+O_2+H_2O \xrightarrow{\text{葡萄糖氧化酶}} 葡萄糖酸+H_2O_2$$

$$鲁米诺+H_2O_2 \longrightarrow 产物+h\nu$$

同样道理，可间接测定氨基酸：

$$氨基酸+O_2 \xrightarrow{\text{氨基酸氧化酶}} 酮酸+H_2O_2$$

H_2O_2 使鲁米诺发光。如果使酶促反应的底物浓度一定，则上述反应可用于酶测定或酶动力学研究。

三、化学发光分析仪器

化学发光分析法的测量仪器比较简单，主要包括样品室、光检测器、放大器和信号输出装置，如图 3-6 所示。化学发光反应在样品室中进行，反应发出的光直接照射在检测器上，目前常用的是光电流检测器。

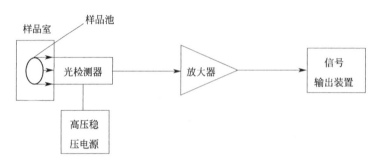

图 3-6　化学发光分析仪结构示意

样品和试剂混合的方式因仪器类型不同而各具特点。一种是不连续取样体系，加样是间歇的。先将试剂先加到光电倍增管前面的反应池内，然后用进样器加入分析物。这种方式简单，但每次测定都要重新换试剂，不能同时测几个样品。另一种是连续流动体系，反应试剂和分析物是定时在样品池中汇合反应，且在载流推动下向前移动，被检测的光信号只是整个发光动力学曲线的一部分，而以峰高来进行定量分析。流动注射式发光仪结构如图 3-7 所示。

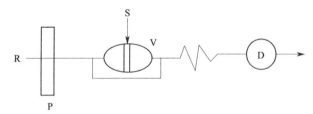

图 3-7　流动注射式化学发光仪器示意

R—试剂载流；S—样品；P—蠕动泵；V—进样阀；D—检测器

四、影响液相化学发光的主要因素

在液相化学发光机制中，有几个重要的因素会影响其发光的效率。

1. 氧化剂的种类

不同氧化剂对发光效率有很大的影响，常用的氧化剂包括过氧化氢、次氯酸根、高锰酸根、高碘酸根、铁氰酸根、碘及溶氧等。

2. 催化剂

在化学发光机制中，如果有一个或数个步骤因催化剂存在而加速，则整体发光效率就会大大提高。常用的催化剂包括过氧化酶素及模拟酶素、过渡金属离子［如 Fe(Ⅱ)、Co(Ⅱ)、Cu(Ⅱ)、Mn(Ⅱ)、Cr(Ⅲ)］等。

3. 有无其他自由基存在

在液相化学发光系统中，有几个重要的中间体如 L^-、L、LO_2^{2-}，其形成速率及效率会因某些自由基或活性物质（reactive species）如 O_2^-、HO·、$^1O_2$ 等的存在而大为增加，因而增强化学发光。

4. 反应条件

反应条件（如 pH、温度、缓冲试剂、添加表面活性剂、使用荧光接受体等）对化学发光反应中间体的形成速率和产率、激发放光物质的效率及放光物质的量子产率等都有很大的影响。

五、生物发光分析法

在生物体系中的化学发光，称为生物发光，是具有最高发光效率的化学发光体系。生物化学发光分析是继放射分析技术之后新发展起来的一种超微分量分析技术，它较之放射分析具有分析过程安全，无放射性污物污染环境，仪器设备简单，分析灵敏度高等优点，因而在生物医学领域中的应用极受重视。该体系主要用于测定生物体内的一些活性物质，如 ATP、机体中活性氧类的研究、化学发光免疫分析等。

第五节　分子发光分析法应用简介

一、分子荧光分析法的应用

无机化合物的荧光分析主要依赖于待测元素与有机试剂生成的具有荧光特性的配合物的测定。目前，利用各种有机试剂和各种荧光分析技术可对 Ca^{2+}、Mg^{2+}、K^+、Na^+、Zn^{2+}、Cd^{2+}、Pb^{2+}、Fe^{3+}、Co^{2+}、Ni^{2+}、F、Cl、I 等近 70 种元素进行灵敏的测定，也可以分析氮化物、氰化物、硫化物以及氧、臭氧及过氧化物等，涉及的样品多种多样、形形色色，应用日益广泛。

有机化合物的荧光分析是荧光分析研究中最活跃、应用最广泛、发展最有前途、涉及生命科学课题最多的分析方法。许多在食品工艺、发酵工艺、医药卫生、环境保护、农副产品质量检验中有意义的化合物都能用荧光分析，而且由于分析体系和方法的高灵敏度和高选择性，使某些测定体系更具有特殊的价值。

目前，用荧光法可以测定数百种有机化合物，尤其是在生物活性物质的测定方面，荧光分析显示了它广阔的应用前景。荧光分析法可以测定某些醇、醛、酮、酯、脂肪酸、酰氯、糖类、多环芳烃、酚、醌、叶绿素、维生素、蛋白质、氨基酸、尿素、肽、有机胺类、甾类、酶和辅酶等化合物，尤其以核糖核酸（RNA）和脱氧核糖核酸（DNA）的荧光分析显得极其重要，因为它们起着存储、复制和传递遗传信息的作用，决定着细胞的种类及其功能。

在药物、毒物分析方面，荧光分析法可以测定青霉素、四环素、金霉素、土霉素等抗菌素在饲料、蛋、奶、肉等样品中的残留，也可以测定粮食、油料等食物中的黄曲霉、棒曲霉素、赭霉素等。有机磷类农药和氨基甲酸酯类农药在一定条件下也可以用荧光分析法进行测定。

二、分子磷光分析法的应用

磷光分析法在有机、生物、医药及临床实验等领域中得到了广泛的应用，与荧光分析法互相补充，称为痕量有机分析的重要手段。

1. 稠环芳烃和石油产物的分析

不少稠环芳烃和杂环化合物被确认是致癌物质，因而是环境监测和石油产物分析的重要项目。磷光分析已逐渐成为解决这个问题的重要手段。固体表面室温磷光分析法以作为稠环芳烃和杂环化合物的快速灵敏分析手段。以用于测定合成批料、空气尘粒和煤液化试验中的稠环芳烃，并可能作为液相色谱分离的检测手段。

2. 农药、生物碱和植物生长激素的分析

低温磷光分析法已用于分析DDT等52种农药、烟碱、降烟碱和新烟碱3种生物碱以及2,4-D和萘乙酸等植物生物激素。该方法的检出限量约为 $0.01\mu g/mL$。

近年来，用固体表面室温磷光分析法检测杀鼠灵、蝇毒磷、禁乙酸、草萘胺等10余种农药或植物生长激素，取得了一定进展。

3. 药物分析和临床分析

磷光分析法已广泛地应用于生物体液中痕量药物的分析，例如，用于人体血液中的阿司匹林、普鲁卡因、苯巴比妥、可卡因、磺胺嘧啶等药物，双香豆醇、苯茚二酮等抗凝剂、致幻剂、维生素 K_1、维生素 K_2、维生素 B_1 和维生素 E 等的测定。

室温磷光分析法在药物和生物物质分析方面的应用，可对腺嘌呤、鸟嘌呤、对氨基苯甲酸及盐酸可卡因、色氨酸、酪氨酸、色氨酸甲醛和吲哚等进行测定。

除上述分析方面的应用，磷光分析技术已用于细胞生物学和生物化学的研究领域，例如，用磷光分析法检验某些生物活性物质，通过其磷光特性以研究蛋白质的构象，利用磷光以表征细胞核的组分等。

三、化学发光分析法的应用

1. 无机化合物的化学发光分析

痕量金属离子对化学发光反应具有很好的催化作用，因而化学发光测定金属离子得到广泛的应用（表3-2）。但是，由于不同金属离子催化氧化发光试剂时，发光光谱相同，致使金属离子催化化学发光反应的选择性较差。为提高分析的选择性，可采用以下方法。

表 3-2 痕量金属离子的化学发光分析

待测离子	反应体系	检测限	待测离子	反应体系	检测限
Co(Ⅱ)	鲁米诺-H_2O_2	10pmol/L	As(Ⅲ),As(Ⅲ)	鲁米诺-MnO_4^-	0.4nmol/L
Co(Ⅱ),Cu(Ⅱ)	鲁米诺-H_2O_2	10nmol/L	Cd(Ⅱ),Zn(Ⅱ)	鲁米诺-H_2O_2	700nmol/L
Ni(Ⅱ)	蒽绿-H_2O_2	0.11mg/L	Mo(Ⅲ)	光泽精	10ng/L
Cr(Ⅲ)	鲁米诺-H_2O_2	0.13μg/L	U(Ⅳ)	鲁米诺	0.3μg/L
Cr(Ⅵ)	鲁米诺-H_2O_2	20ng/L	Ti(Ⅳ)	曙红-ClO^-	21mg/L
Fe(Ⅱ)	鲁米诺-NH_4^+	0.05nmol/L	Sn(Ⅳ)	邻菲咯啉-H_2O_2	0.16μg/L
Rh(Ⅲ)	鲁米诺-BrO_4^-	5ng/L			

① 利用待测金属离子与干扰离子配合物稳定性不同进行选择性分析，如加入掩蔽剂EDTA或水杨酸掩蔽干扰离子。

② 优化实验条件以减少其他离子的干扰。

③ 稀释样品溶液。

④ 加入敏化剂。

虽然上述方法能够提高分析的选择性，但是，当样品中待测物相对于干扰物浓度很小时，上述方法也无济于事，只得进行前处理，常用的分离方法有：色谱、溶剂萃取等。

化学发光反应中，过氧化氢是最常用的一种氧化剂，因此有关 H_2O_2 化学发光分析的报道较多，涉及鲁米诺、过氧草酸酯及光泽精等化学发光反应。其他无机化合物的测定见表3-3所列。

表3-3　其他无机化合物的化学发光分析

待测物	化学发光体系	检测限	待测物	化学发光体系	检测限
H_2O_2	过氧草酸盐	3.0nmol/L	Br^-/I^-	鲁米诺-Br_2/I_2	3μg/L
H_2O_2	鲁米诺-铁配合物	13nmol/L	Cl_2	洛芬-H_2O_2-Cl^-	75μg/L
H_2O_2	鲁米诺-MnO_4^-	1.0pmol/L	Br^-	鲁米诺-BrO_3^-	62.5ng/L
H_2O_2	鲁米诺-染料	10pmol/L	CN^-	鲁米诺-CN^-	1.2μg/L
H_2O_2	荧光素-过氧化物酶	40nmol/L	NO_2^-	鲁米诺-$[Fe(CN)_6]^{4-}$	3.6μg/L
I_2/I^-	鲁米诺-I_2	0.05μg/L			

2. 有机化合物的化学发光分析

有机化合物的化学发光分析主要针对有机酸、有机碱、氨基酸、糖类、类固醇与类酯、药物分析等方面。表3-4～表3-9中列举了一些实例。

表3-4　有机酸的化学发光分析

待测物	化学发光体系	检测限	待测物	化学发光体系	检测限
草酸	草酸酶	34μmol/L	抗坏血酸	鲁米诺-Cu^{2+}	0.1μmol/L
胆汁酸	Ce(IV)	1mg/L	抗坏血酸	罗丹明6G-Ce(IV)	0.1μmol/L
胆汁酸	酶	5～100pmol/L	抗坏血酸	鲁米诺-Fe^{3+}	0.021mol/L
草酸	细菌荧光素酶	0.8μmol/L			

表3-5　有机碱的化学发光分析

待测物	化学发光体系	检测限	待测物	化学发光体系	检测限
亚胺	MnO_4^-	2～40μmol/L	叔胺类	罗丹明B-Cl^-	10μmol/L
胺类	TCPO-H_2O_2	180～360pmol/L	儿茶酚胺	MnO_4^--H^+	pmol级
鸟嘌呤(衍生)	DMF-OH^-	4～19pmol/L	肾上腺素	Mn(II)-表面活性剂	10nmol/L
儿茶酚胺	鲁米诺-BrO_3^-	0.822pmol/L	乙酰胆碱	TCPO-H_2O_2	1.0pmol/L
伯胺	Ru(bipy)$_3^{3+}$	1.0～30pmol/L			

表3-6　氨基酸的化学发光分析

待测物	化学发光体系	检测限	待测物	化学发光体系	检测限
氨基酸	TCPO-H_2O_2	fmol级	L-色氨酸	H_2O_2-Cl^-	4.0nmol/L
L-谷氨酸	细菌荧光素酶	0.5pmol/L	氨基酸	席夫碱-Fe^{2+}-H_2O_2	1～130pmol/L

表3-7　糖类的化学发光分析

待测物	化学发光体系	检测限	待测物	化学发光体系	检测限
蔗糖-葡萄糖	鲁米诺-过氧化物酶	1μmol/L	葡萄糖	鲁米诺-H_2O_2	10nmol/L
葡萄糖	细菌荧光素酶	2μmol/L	D-葡萄糖	鲁米诺-H_2O_2	100μmol/L
葡萄糖	鲁米诺-过氧化物酶	0.1μmol/L			

表 3-8　类固醇和类脂的化学发光分析

待测物	化学发光体系	检测限	待测物	化学发光体系	检测限
胆固醇	鲁米诺-过氧化物酶	10pmol/L	雌激素	细菌荧光素酶	0.1pg
氢过氧化酯	异鲁米诺	10nmol/L	类固醇	光泽精-Triton X-100	50pmol
磷脂	鲁米诺-细胞色素 C	nmol/L 级	皮质甾类	SO_3^{2-} - Ce(Ⅳ)	20～300ng/L
硫酸脱氢表雄酮	细菌荧光素酶	4pg	胆甾醇脂	异鲁米诺	pmol/L 级

表 3-9　药物的化学发光分析

待测物	化学发光体系	检测限	待测物	化学发光体系	检测限
吗啡	MnO_4^- -H^+	0.1nmol/L	链霉素	N-溴丁二酰亚胺	2～30mg/L
苯异丙胺	TCPO-H_2O_2	0.001pmol/L	丹皮酚	鲁米诺- H_2O_2	1.2mg/L
红霉素	Ru(bipy)$_3^{3+}$	40nmol/L	维生素 B_1	$[Fe(CN)_6]^{4-}$-H_2O_2	0.2mg/L
异烟肼	N-溴丁二酰亚胺	24μmol/L	维生素 C	MnO_4^-	0.2μmol/L

本 章 小 结

本章介绍了三种分子发光分析方法,即分子荧光、分子磷光和化学发光。

1. 分子荧光和分子磷光都属于光致发光。分子激发单重态的最低级动能级向基态单重态跃迁所产生的辐射称为分子荧光。分子荧光的寿命约为 10^{-9}～10^{-4} s。分子激发三重态的最低振动能级向基态单重态跃迁所产生的辐射称为分子磷光。分子磷光的奉命约为 10^{-4}～100s。

2. 荧光分析仪器与磷光分析仪器相似,都由光源、激发单色器、液槽、发射单色器、检测器和放大显示器组成。由于在分析原理上的差别,磷光分析仪器有些特殊部件,如试样室、磷光镜等。

3. 根据荧光强度 I_f 和磷光强度 I_p 与物质的浓度成正比进行定量分析。由于分子荧光分析法的选择性强和灵敏度高,常用于医药、食品、生物化学和天然产物的分析;分子磷光分析法主要用于生物体液中痕量药物的分析。

4. 化学发光是由化学反应提供激发能,激发产物分子或其他共存分子产生光辐射。有液相化学发光和气相化学发光两种。常用的化学发光分析仪器有分立取样式和流动注射式两种。化学发光主要应用于环境监测及生物医学分析等领域,它已成为一种重要的痕量分析方法。

思考题与习题

1. 解释下列名词:

　　(1) 荧光　(2) 磷光　(3) 延迟荧光　(4) 化学发光　(5) 生物发光　(6) 斯托克斯位移

2. 简述影响荧光效率的主要因素。

3. 第一单色器和第二单色器各有何作用? 荧光分析仪器的检测器为什么不放在激发光源-样品池的直线上?

4. 如何扫描荧光物质的激发光谱和发射光谱?

5. 试从原理和仪器两方面比较吸光光度法和荧光分析法的异同,说明为什么荧光法的检出能力优于吸光光度法。

6. 试从原理和仪器两方面比较荧光分析法、磷光分析法和化学发光分析法。

实训 3-1　分子荧光标准曲线法定量测量二氯荧光素的含量

一、实训目的
① 掌握二氯荧光素最大激发波长和最大发射波长的测量方法。
② 掌握荧光物质的标准曲线法定量测量含量的操作方法和原理。
③ 了解分子荧光光谱定量分析与定性分析的特点及区别。
④ 熟悉荧光光度计定量法测量软件的数据处理。

二、测定原理

任何荧光物质都具有激发光谱和发射光谱。由于斯托克斯位移，荧光发射波长总是大于激发波长。并且，由于处于基态和激发态的振动能级几乎具有相同的间隔，分子和轨道的对称性都没有改变，荧光化合物的荧光发射光谱和激发光谱形式呈大同小异的"镜像对称"关系。

含有荧光基团的化学物质，其分子吸收了辐射能成为激发态分子，再从激发态返回基态时发射光的波长比吸收的入射光波长更长，分子荧光就是发光方式中较常见的光致发光。在一定频率和一定强度的激发光照射下，当溶液的浓度很小和光被吸收的分数也不太大时，稀溶液体系将符合朗伯-比尔定律，该溶液所产生的荧光强度与溶液中这种荧光物质的浓度呈线性关系，可用公式表示为：

$$I_f = 2.3\varphi I_0 \varepsilon bc$$

当 I_0 及 b 一定时，则 $I_f = kc$。

两式中，I_0 为入射光强度；ε 为摩尔吸光系数；b 为样品池的光程；c 为荧光物质的浓度。

二氯荧光素在酸性体系中具有强的荧光特性，它的激发波长为 496nm，发射波长为 518nm。在稀溶液体系中，二氯荧光素溶液的荧光强度与荧光物质浓度成正比关系。

分子荧光标准曲线法是取一定已知量的标准物质与待分析试样溶液经过相同的处理后，配制成一系列的标准溶液，测定其荧光强度，并以荧光强度为纵坐标，以标准溶液浓度为横坐标绘制其工作曲线，再由所测出的试样溶液的荧光强度对工作曲线作图，从而求出试样液中该被分析检测物质的实际浓度含量。此法适用于痕量分析，并且标准溶液和试样溶液的荧光强度必须是在荧光仪已扣除空白溶液的荧光强度的读数。

三、仪器与试剂

1. 仪器

荧光分光光度计（F4500，日本 HITACHI 生产）；四面通石英比色皿一个（10mm× 10mm）；10mL 具塞比色管；1mL 刻度移液管一支；洗耳球；洗瓶。

2. 试剂

二氯荧光素（0.50μg/mL）标准溶液（内含 1mol/L 氢氧化钠 5mL 和 1mol/L 盐酸 3mL）；二氯荧光素待测试祥；二次去离子水。

四、测定步骤

1. 配制标准溶液系列

在 5 支 5mL 比色管内按下表移取浓度为 0.50μg/mL 二氯荧光素标准储备溶液，配制不同浓度的二氯荧光素标准溶液。

比色管编号	需要移取的储备标液量/mL	配制的溶液浓度/($\mu g/mL$)	比色管编号	需要移取的储备标液量/mL	配制的溶液浓度/($\mu g/mL$)
1	0.0	0.00	4	0.6	0.06
2	0.2	0.02	5	0.8	0.08
3	0.4	0.04	6	1.0	0.10

2. 打开计算机和 F4500 荧光分光光度计，预热 5min

3. 进行仪器初始化

4. 选择定性扫描模式，输入测量参数

依次在激发波长值分别为 350nm，340nm，360nm，波长扫描范围为 200～650nm，激发和发射波长狭缝宽度分别为 5nm。扫描速度为 1200 时预扫描二氯荧光素的各发射光谱图，并且通过叠加的三份谱图分析和确定二氯荧光素的荧光发射峰。最后确定最大发射波长值。

5. 将经实验步骤 4 确定的最大发射波长值设置到激发光谱类型中

测量其二氯荧光素的最大激发波长值。直到激发光谱和发射光谱中的峰高呈大同小异的等高状态为止。

比较各扫描图，根据荧光峰不随激发波长改变而移位的特性，排除杂峰、确定荧光峰的波长范围及其最大荧光发射峰峰值。

6. 定量分析测量参数选择

在 "Photometry" 窗口中选择激发波长为 505nm，发射波长为 523 nm。激发/发射光狭缝分别为 5。

7. 绘制二氯荧光素的标准工作曲线

采用多点标准曲线法测量系列二氯荧光素标准溶液的荧光强度与浓度的关系曲线。

8. 荧光素钠未知待测样的含量测定

移取适量所配制好的荧光素钠未知浓度的稀溶液，与标准系列溶液同样的条件下，测量该待测试样溶液的浓度。

五、数据记录与处理

（1）打印出所测量的激发与发射图谱、参数、最大激发波长值和最大发射波长值。

（2）打印出所测量的工作曲线、测量条件参数以及未知待测试样的浓度和强度列表。

六、思考题

（1）解释荧光分子的最大激发波长和最大发射波长的相互关系。

（2）综述分子荧光定量分析中溶液浓度定量分析原理。

（3）影响分子荧光定量分析准确性的因素有哪些？在分析过程中应注意哪些问题？

实训 3-2　荧光分析法测定邻羟基苯甲酸和间羟基苯甲酸

一、实训目的

① 了解荧光分析法的基本原理。

② 掌握利用荧光分析法进行多组分含量的测定操作。

二、测定原理

邻羟基苯甲酸（亦称水杨酸）和间羟基苯甲酸分子组成相同，均含一个能发射荧光的苯环，但因其取代基的位置不同而具有不同的荧光性质。在 pH＝12 的碱性溶液中，两者在 310nm 附近紫外光的激发下均会发射荧光；在 pH＝5.5 的近中性溶液中，间羟基苯甲酸不发射荧光，邻羟基苯甲酸由于分子内形成氢键增加了分子刚性而有较强的荧光，且荧光强度与 pH＝12 时相同。利用这一性质，可在 pH＝5.5 测定两者混合物中邻羟基苯甲酸的含量，间羟基苯甲酸不干扰。另取同样量的混合物溶液，测定 pH＝12 的荧光强度，减去 pH＝5.5 时测得的邻羟基苯甲酸的荧光强度，即可求出间羟基苯甲酸的含量。

三、仪器与试剂

1. 仪器

WFY-28 型荧光分光光度计；10mL 比色管；分度吸量管。

2. 试剂

$60\mu g/mL$ 邻羟基苯甲酸标准溶液；$60\mu g/mL$ 间羟基苯甲酸标准溶液；0.1mol/L NaOH 溶液；pH＝5.5 的 HAc-NaAc 缓冲溶液（47g NaAc 和 6g 冰醋酸溶于水并稀释至 1L 即得）。

四、测定步骤

1. 标准系列溶液的配制

（1）分别移取 0.40mL，0.80mL，1.20mL，1.60mL，2.00mL 邻羟基苯甲酸标准溶液于已编号的 10mL 比色管中，各加入 pH＝5.5 的 HAc-NaAc 缓冲溶液 1.0mL，以蒸馏水稀释至刻度，摇匀。

（2）分别移取 0.40mL，0.80mL，1.20mL，1.60mL，2.00mL 间羟基苯甲酸标准溶液于已编号的 10mL 比色管中，各加入 0.1mol/L 的 NaOH 水溶液 1.2mL，以蒸馏水稀释至刻度，摇匀。

（3）取未知溶液 2.0mL 于 10mL 比色管中，其中一份加入 pH＝5.5 的 HAc-NaAc 缓冲溶液 1.0mL，另一份加入 0.1mol/L 的 NaOH 水溶液 1.2mL，以蒸馏水稀释至刻度，摇匀。

2. 荧光激发光谱和发射光谱的测定

测定（1）中第三份溶液和（2）中第三份溶液各自的激发光谱和发射光谱，先固定发射波长为 400nm，在 250～350nm 区间进行激发波长扫描，获得溶液的激发光谱和荧光最大激发波长 λ_{ex}^{max}；再固定激发波长 λ_{ex}^{max}，在 350～500nm 区间进行发射波长扫描，获得溶液的发射光谱和荧光最大发射波长 λ_{em}^{max}。此时，在激发波长 λ_{ex}^{max} 处和发射波长 λ_{em}^{max} 处的荧光强度应基本相同。

3. 荧光强度测定

根据上述激发光谱和发射光谱扫描结果，确定一组波长（λ_{em} 和 λ_{em}^{x}），使之对二组分都有较高的灵敏度，并在此组波长下测定前述标准系列各溶液和未知溶液的荧光强度 I_f。

五、数据记录与处理

以各标准溶液的 I_f 为纵坐标，分别以邻羟基苯甲酸或间羟基苯甲酸的浓度为横坐标制作工作曲线。根据 pH＝5.5 的未知液的荧光强度，可以从邻羟基苯甲酸的工作曲线上确定邻羟基苯甲酸在未知液中的浓度；根据 pH＝12 时未知液的荧光强度与 pH＝5.5 时未知液的荧光强度的差值，可从间羟基苯甲酸的工作曲线上确定未知液中间羟基苯甲酸的浓度。

六、思考题

（1）λ_{ex}^{max}、λ_{em}^{max} 各代表什么？为什么对某种组分其 λ_{ex}^{max} 和 λ_{em}^{max} 处的荧光强度应基本相同？

（2）从实验可以总结出几条影响物质荧光强度的因素？

第四章　原子光谱分析法

第一节　光谱分析法概述

光学分析法可分为光谱法和非光谱法两大类。

一、光谱分析方法

光谱分析方法是基于测量辐射的波长及强度。这些光谱是由于物质的原子或分子的特定能级的跃迁所产生的，根据其特征光谱的波长可进行定性分析；而光谱的强度与物质的含量有关，可进行定量分析。

光谱法可分为原子光谱法和分子光谱法。

1. 原子光谱法

原子光谱法是由原子外层或内层电子能级的变化产生的，它的表现形式为线光谱。属于这类分析方法的有原子发射光谱法（AES）、原子吸收光谱法（AAS），原子荧光光谱法（AFS）以及 X 射线荧光光谱法（XFS）等。

2. 分子光谱法

分子光谱法是由分子中电子能级、振动和转动能级的变化产生的，表现形式为带光谱。属于这类分析方法的有紫外-可见分光光度法（UV-Vis），红外光谱法（IR），分子荧光光谱法（MFS）和分子磷光光谱法（MPS）等。

另根据辐射能量传递的方式，光谱方法又可分为发射光谱、吸收光谱、荧光光谱、拉曼光谱等。

二、非光谱分析法

不涉及光谱的测定，即不涉及能级的跃迁，而主要是利用电磁辐射与物质的相互作用。引起电磁辐射在方向上的改变或物理性质的变化，而利用这些改变可以进行分析。如折射、散射、干涉、衍射、偏振等变化的分析方法。

本章主要介绍原子光谱法。

第二节　原子发射光谱仪的结构及主要类型

一、原子发射光谱仪的结构

原子发射光谱仪一般由激发光源、分光系统和检测系统 3 部分组成。

1. 激发光源

激发光源的基本功能是提供使试样中被测元素原子化和原子激发发光所需要的能量。

对激发光源的要求是：灵敏度高、稳定性好、光谱背景小、结构简单、操作安全。

常用的激发光源有火焰光源、电弧光源、电火花光源、等离子体（包括电感耦合等离子体、直流等离子体和微波等离子体）光源等。其中，电感耦合等离子体光源（即 ICP 光源）

是目前应用最多的激发光源，也是本节重点介绍的光源。

（1）火焰光源

火焰光源是发射光谱分析中采用最早的激发光源，它是原子发射光谱测定的最简形式，与其他发射光谱法比较，根本的不同在于火焰。

在火焰光度法中，燃气与助燃气分别是低级烷烃（如乙炔）或液化气和空气，火焰燃烧能提供的温度比较低，一般在 1800℃左右，只有激发能较低的碱金属可产生有用的光谱，不能满足碱土金属原子激发所需要的能量，因此这一类型的仪器主要用于钾、钠的测定。

（2）电弧光源

电弧光源包括直流电弧光源和交流电弧光源，它们的基本工作原理相同。

电弧系统使用两支上下相对的碳或其他电极对，电极对间具有一定的分析间隙（称放电间隙），将供电电源施加在电极对上，一般在下电极上有一个凹槽放置待测样品，用专门设计的电路引燃电弧。

直流电弧光源样品蒸发能力强，进入电弧的待测物多，绝对灵敏度高。尤其适合定性分析；同时也适于部分矿物、岩石等难熔样品及稀土难熔元素定量分析；但电弧不稳，分析重现性差。

交流电弧具有脉冲性，电流密度比直流电弧大，因此电弧温度较高，激发能力强，电弧稳定性好，分析的重现性与精密度比较好，适于定量分析。不过交流电弧放电的间隙性会导致电极温度较低，蒸发能力略低于直流电弧。但由于低压交流电弧具有良好的分析性能，所以它在样品分析中获得了广泛的应用。适用于金属合金低含量元素的定量分析。

（3）火花光源

火花光源的工作原理是在通常气压下，利用电容的充放电在两极间周期性地加上高电压，达到击穿电压时，在两极间尖端迅速放电，产生电火花。放电沿着狭窄的发光通道进行，并伴随有爆裂声。

高压火花光源的特点是：在放电一瞬间释放出很大的能量，放电间隙电流密度很高，因此温度很高，可达 10000K 以上，具有很强的激发能力，一些难激发的元素可被激发，而且大多为离子线。放电稳定性好，因而重现性较好，适应做定量分析。但是由于放电瞬间完成，有明显的充电间歇，故电极温度较低，放电通道窄，不利于样品的蒸发和原子化，灵敏度较差，适宜做较高含量元素，易挥发、难激发元素的分析。但同时由于间歇放电和放电通道窄，有利于试样的引入，除了可用碳做电极外，而且待测样品自身也可做电极，常用于炼钢厂的钢铁分析。

（4）电感耦合等离子体光源

等离子体是一种由自由电子、离子、中性原子与分子所组成的具有一定的电离度，但在整体上呈电中性的气体，有微波等离子体（MIP）、直流等离子体（DCP）和电感耦合等离子体（ICP）等。

利用电感耦合等离子体（ICP）作为原子发射光谱的激发光源始于 20 世纪 60 年代，70 年代以来得到了迅速发展。电感耦合等离子体（ICP）是当前发射光谱分析中发展迅速，优点突出的一种新型光源。由高频发生器、同轴的三重石英管和进样系统 3 部分组成。感应线圈一般是由圆形或方形铜管绕制的 2~5 匝水冷线圈。作为发射光谱分析激发光源的 ICP 焰炬装置如图 4-1 所示。

等离子体炬管为 3 层同心石英管。氩气冷却气从外管切向通入，使等离子体与外层石英

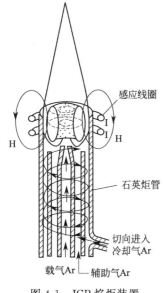

图 4-1　ICP 焰炬装置

管内壁间隔一定距离以免烧毁石英管。切向进气的离心作用在炬管中心产生一个低气压通道以便进样。中层石英管的出口部分一般制成喇叭形，通入氩气以维持等离子体的稳定。内层石英管内径为 1～2mm。试样气溶胶由气动雾化器或超声雾化器产生，由载气携带从内管进入等离子体。氩为单原子惰性气体，自身光谱简单，作为工作气体不会与试样组分形成难解离的稳定化合物，也不会像分子那样因解离而消耗能量，因而具有很好的激发性能，对大多数元素都有很高的分析灵敏度。

当有高频电流通过线圈时，产生轴向磁场，用高频点火装置产生火花以触发少量气体电离，形成的离子与电子在电磁场作用下，与其他原子碰撞并使之电离，形成更多的离子和电子，当离子和电子累积到使气体的电导率足够大时，在垂直于磁场方向的截面上就会感应出涡流，强大的涡流产生高热将气体加热，瞬间使气体形成最高温度可达 10000K 左右的等离子焰炬。当载气携带试样气溶胶通过等离子体时，可被加热至 6000～7000K，从而进行原子化并被激发产生发射光谱。

ICP 焰炬可分为焰心、内焰和尾焰 3 个区域。

焰心区呈白色、不透明，温度高达 10000K。试样气溶胶通过这一区域时被预热、挥发溶剂和蒸发溶质。这一区域又称预热区，有很强的连续背景辐射。

内焰区位于焰心区上方，在感应线圈以上 10～20mm，略带淡蓝色，呈半透明状，温度为 6000～8000K，是被测物原子化、激发、电离与辐射的主要区域。这一区域又称测光区。

尾焰区在内焰区上方，无色透明，温度在 6000K 以下，只能激发低能级的谱线。

ICP 的温度分布如图 4-2 所示。样品气溶胶在高温焰心区经历了较长时间（约 2ms）的预热，在测光区的平均停留时间约为 1ms，比在电弧、电火花光源中平均停留时间（$10^{-3}～10^{-2}$ms）长得多，因而可以使试样得到充分的原子化，甚至能破坏解离能大于 7eV 的分子键，如 U—O、Th—O 键等，从而有效地消除了基体的化学干扰，大大地扩展了对被测试样的适应能力，甚至可以用一条工作曲线测定不同基体试样中的同一元素。

ICP 的电子密度很高，电离干扰一般可以忽略不计。应用 ICP 可以同时测定的元素达 70 多种。ICP 以耦合方式从高频发生器获得能量，不使用电极，避免了电极对试样的污染。经过中央通道的气溶胶借助于对流、传导和辐射而间接地加热，试样成分的变化对 ICP 的影响很小，因此 ICP 具有良好的稳定性。

2. 分光系统

原子发射光谱仪的分光系统目前通常采用棱镜和光栅分光系统两种。

（1）棱镜分光系统

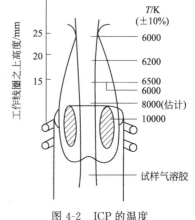

图 4-2　ICP 的温度

棱镜分光系统的光路如图 4-3 所示。由光源 Q 进来的光经三透镜 K_I、K_{II}、K_{III} 照明系统聚焦在入射狭缝 S 上。入射光由准光镜 L_1 变成平行光束，投射到棱镜 P 上。波长短的光折射率大，波长长的光折射率小，经棱镜色散之后按波长顺序被分开，再由照明物镜 L_2 分别将它们聚焦在感光板的乳剂面 FF′ 上，便得到按波长顺序展开的光谱。

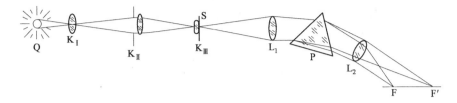

图 4-3 棱镜分光系统的光路

棱镜分光系统的光学特性可用色散率、分辨率和集光本领 3 个指标来表征。

① 色散率。是把不同波长的光分散开的能力，通常以倒数线色散率来表示：$\mathrm{d}\lambda/\mathrm{d}l$，即谱片上每一毫米的距离内相应波长数（单位为 nm）。

② 分辨率。是指摄谱仪的光学系统能够正确分辨出紧邻两条谱线的能力。用两条恰好可以分辨开的光谱波长的平均值 λ 与其波长差 $\Delta\lambda$ 之比值来表示，即：

$$R=\lambda/\Delta\lambda$$

③ 集光本领。是指摄谱仪的光学系统传递辐射的能力。

（2）光栅分光系统

光栅分光系统采用光栅作为分光器件，光栅分光系统的光学特性用色散率、分辨率和闪耀特性 3 个指标来表征。

3. 检测系统

原子发射光谱的检测目前常用照相法和光电检测法两种。前者采用感光板，后者以光电倍增管或电荷耦合器件（CCD）作为接收与记录光谱的主要器件。还有一种方法叫目视法，它是用肉眼观看谱线强度的方法，又称看谱法，主要用于可见光波段，目前应用较少。

（1）感光板

用感光板来接收与记录光谱的方法称为照相法，采用照相法记录光谱的原子发射光谱仪称为摄谱仪。

感光板由照相乳剂（一般为 AgBr 感光材料）均匀地涂布在玻璃板上而成。感光板上的照相乳剂感光后变黑的黑度，用测微光度计测量以确定谱线的强度。感光板的特性常用反衬度、灵敏度与分辨能力表征。

（2）光电倍增管

用光电倍增管来接收和记录谱线的方法称为光电直读法。光电倍增管既是光电转换元件，又是电流放大元件，其工作原理如图 4-4 所示。

光电倍增管的外壳由玻璃或石英制成，内部抽真空，阴极涂有能发射电子的光敏物质，如 Sb-Cs 或 Ag-Cs 等，在阴极 C 和阳极 A 间装有一系列次级电子发射极，即电子倍增极 D_1，D_2 等。阴极 C 和阳极 A 之间加有约 1000V 的直流电压，当辐射光子撞击光阴极 C 时发射光电子，该光电子被电场加速落在第一倍增极 D_1 上，撞击出更多的二次电子，以此类推，阳极最后收集到阳极 A 的电子数将是阴极发出的电子数的 $10^5\sim10^8$ 倍。

（3）CCD 检测器

电荷耦合器件 CCD 是一种新型固体多道光学检测器件，它是在大规模硅集成电路工艺基础上研制而成的模拟集成电路芯片。由于其输入面空域上逐点紧密排布着对光信号敏感的

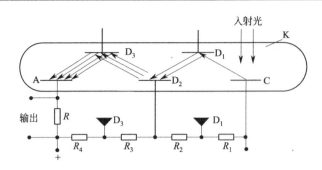

图 4-4　光电倍增管的工作原理

像元，因此它对光信号的积分与感光板的情形颇相似。但是，它可以借助必要的光学和电路系统，将光谱信息进行光电转换、储存和传输，在其输出端产生波长-强度二维信号，信号经放大和计算机处理后在末端显示器上同步显示出人眼可见的图谱，无须感光板那样的冲洗和测量黑度的过程。目前这类检测器已经在光谱分析的许多领域获得了应用。在原子发射光谱中采用CCD的主要优点是：具有同时多谱线检测能力和借助计算机系统快速处理光谱信息的能力，可极大地提高发射光谱分析的速度。采用这一检测器设计的全谱直读等离子体发射光谱仪，可在1min内完成样品中70多种元素的测定；动态响应范围和灵敏度均达到或甚至超过光电倍增管，性能稳定，体积小，结实耐用。从原理上讲，CCD是一个低噪声的器件，适于微弱光信号的检测，且具有很宽的线性相应范围。

二、观测设备

1. 光谱投影仪（映谱仪）

在进行光谱定性分析及观察谱片时需用此设备。一般放大倍数为20倍左右。如图4-5所示。

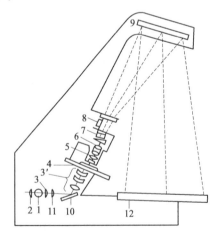

图 4-5　光谱投影仪光路

1—光源；2—球面反射镜；3—聚光镜；3′—聚光镜组；

4—光谱底板；5—透镜；6—投影物镜组；7—棱镜；

8—调节透镜；9—平面反射镜；10—反射镜；

11—隔热玻璃；12—投影屏

图 4-6　9W 型测微光度计

2. 测微光度计（黑度计）

用来测量感光板上所记录的谱线黑度，主要用于光谱定量分析。如图4-6所示。

三、原子发射光谱的主要类型

原子发射光谱仪目前分为摄谱仪和光电直读光谱仪两类，后者又分为多道光谱仪、单道扫描光谱仪和全谱直读光谱仪等。

1. 摄谱仪

摄谱仪是用棱镜或光栅作为色散元件，用照相法记录光谱的原子发射光谱仪器。利用光栅摄谱仪进行定性分析十分方便，且该类仪器的价格较便宜，测试费用也较低，以感光板作为检测器，而且感光板所记录的光谱可长期保存，因此目前应用仍十分普遍。图 4-7 为 WPS-1 型平面光栅摄谱仪光光路图。

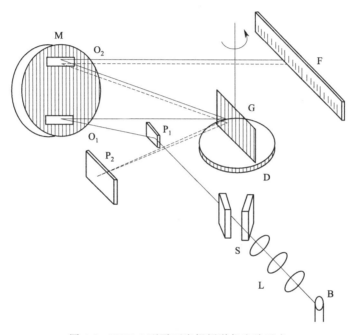

图 4-7　WPS-1 型平面光栅摄谱仪光路示意

2. 光电直读光谱仪

光电直读光谱仪分为多道直读光谱仪、单道扫描光谱仪和全谱直读光谱仪 3 种。前两种仪器采用光电倍增管，后一种采用 CCD 检测器作检测器。

（1）多道直读光谱仪

图 4-8 所示为多道直读光谱仪示意。从光源发出的光经透镜聚焦后，在入射狭缝上成像并投射到狭缝后的凹面光栅上。凹面光栅将光色散后聚焦在焦面上。焦面上安置一组出射狭缝以允许不同波长的光通过，在光电倍增管上检测各波长的光强后用计算机进行数据处理。

多道直读光谱仪的优点是分析速度快，光电倍增管对信号放大能力强，准确度优于摄谱仪，可同时分析含量差别较大的不同元素，适应的波长范围也较宽。适合于固定元素的快速定性、半定量和定量分析。但由于仪器结构限制，出射狭缝间必然存在一定的物理距离，因此利用波长相近的谱线进行分析时有困难。

多道直读光谱仪适合于固定元素的快速定性、半定量和定量分析。这类仪器目前铁冶炼中常用于炉前快速监控 C、S、P 等元素。

（2）单道扫描光谱仪

图 4-9 所示为单道扫描光谱仪的光路示意。光源发出的辐射经入射狭缝投射到可转动的

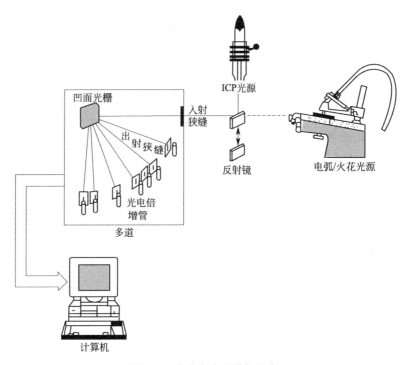

图 4-8　多道直读光谱仪示意

光栅上色散，当光栅转动至某一固定位置时只有某一特定波长的谱线能通过出射狭缝进入检测器。通过光栅的转动完成一次全谱扫描。

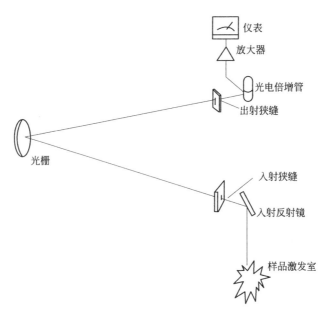

图 4-9　单道扫描光谱仪的光路示意

　　和多道光谱仪相比，单道扫描光谱仪波长选择灵活方便，但由于通过光栅转动完成扫描需要一定的时间，因此分析速度受到一定限制。

　　（3）全谱直读光谱仪

图 4-10 所示为全谱直读等离子体发射光谱仪示意。光源发出的辐射经两个曲面反光镜聚焦于入射狭缝。入射光经抛物面准直镜反射成平行光，照射到中阶梯光栅上使光在 x 方向上色散，再经另一个光栅（Schmidt 光栅）在 y 方向上进行二次色散，使光谱分析线全部色散在一个平面上，并经反射镜反射进入紫外型 CCD 检测器检测。在 Schmidt 光栅的中央有一个孔洞，部分光线穿过孔洞后经棱镜进行 y 方向二次色散，然后经反射镜反射进入可见型 CCD 检测器检测。

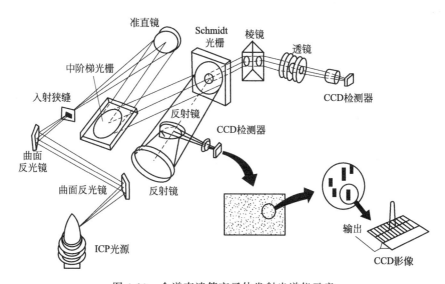

图 4-10　全谱直读等离子体发射光谱仪示意

这种全谱直读光谱仪不仅克服了多道直读光谱仪谱线少和单道扫描光谱仪速度慢的缺点，而且所有的元件都固定安装在机座上，成为一个整体，没有任何活动光学器件，因此故障率低、稳定性好。

四、原子发射光谱仪分析室

安装原子发射光谱仪的实验室应远离剧烈振动源、强烈的电磁辐射源、化学污染源；室内温度保持在 18～28℃，相对湿度小于 60％；室内要有防尘措施，空中的尘埃粒子须保持最低；仪器的激发部分上方要有排气罩；窗上设有窗帘；摄谱仪还需配备一暗室。电源的布置要求科学合理，不能与产生强脉冲尖峰信号的机器共用电源。

第三节　原子发射光谱分析和应用

一、原子发射光谱分析概述

原子发射光谱法（Atomic Emission Spectrometry，AES）是根据处于激发态的待测元素原子回到基态时发射的特征谱线对待测元素进行分析的方法。它一般是通过记录和测量元素的激发态原子所发出的特征辐射的波长和强度对其进行定性、半定量和定量分析。一般所称的"光谱分析"，狭义上指原子发射光谱分析。

原子发射光谱是光谱分析法中发展较早的一种方法，19 世纪 50 年代基尔霍夫（Kirchhoff）和本生（Bunsen）制造了第一台用于光谱分析的分光镜，并获得了某些元素的特征光谱，奠定了光谱定性分析的基础；20 世纪 20 年代，盖拉赫（Gerlach）为了解决光源不稳定性问题，提出了内标法，为光谱定量分析提供了可行性；60 年代电感耦合等离子体（即 ICP）光源的引入，大大推动了发射光谱分析的发展；近年来，随着电荷耦合器件（Charge Coupled Device，CCD）等检测器件的使用，使多元素同时分析能力大大提高。

二、原子发射光谱法基本原理

1. 原子发射光谱的产生

在正常情况下组成物质的原子是处于稳定状态的，这种状态称为基态，它的能量是最低的。通过电致激发、热致激发或光致激发等激发光源作用下，原子获得能量，外层电子从基态跃迁到较高能态变为激发态，当原子从基态跃迁到激发态时所需的能量称为激发电位，以电子伏特（eV）为单位。处于激发态的原子很不稳定，约经 10^{-8}s 后，原子即恢复到正常状态，这时它便跃迁回基态或其他较低的能级，多余的能量的发射可得到一条光谱线。原子的外层电子由高能级向低能级跃迁，能量以电磁辐射的形式发射出去，这样就得到发射光谱。原子发射光谱是线状光谱。发射光谱的能量可用式(4-1) 表示：

$$\Delta E = E_2 - E_1 = h\upsilon = hc/\lambda \tag{4-1}$$

式中，E_2 为高能级的能量；E_1 为低能级的能量；h 为普朗克常数；υ 为发射光的频率；λ 为发射光的波长；c 为光速。

从式(4-1) 可知，每一条发射光谱的谱线的波长和跃迁前后的两个能级之差成反比。由于原子内的电子轨道是不连续的（量子化的），故得到的光谱是线光谱。

由于待测元素原子的能级结构不同，因此发射谱线的特征不同，据此可对样品进行定性分析；而根据待测元素原子的浓度不同，因此发射强度不同，可实现元素的定量测定。

原子发射光谱分析过程包括以下 3 个步骤。

① 提供外部能量使被测试样蒸发、解离，产生气态原子，并使气态原子的外层电子激发至高能态，处于高能态的原子自发地跃迁回低能态时，以辐射的形式释放出多余的能量。

② 将待测物质发射的复合光经分光后形成一系列按波长顺序排列的谱线。

③ 用光谱干板或检测器记录和检测各谱线的波长和强度，并据此解析出元素定性和定量的结论。

2. 谱线强度及其影响因素

原子的核外电子 I、J 两个能级间跃迁，其发射谱线强度 $I_{I,J}$ 为单位时间，单位体积内光子发射的总能量。光谱线强度与元素浓度之间存在如下关系，即所谓的罗马金-赛伯经验公式：

$$I = Ac^b \tag{4-2}$$

式中，b 为自吸收系数；I 为谱线强度；c 为元素含量；A 为发射系数。

发射系数 A 与试样的蒸发、激发和发射的整个过程有关，与光源类型、工作条件、试样组分、元素化合物状态以及谱线的吸收现象也有关系，由激发电位及元素在光源中的浓度等因素决定。元素含量很低时谱线自吸收很小，这时 $b=1$，元素含量较高时，谱线自吸收现象较严重，此时 $b<1$。因此实际使用过程中，往往采用罗马金公式的对数形式，这样，只要 b 是常数，就可得到线性的工作曲线。由此可见，在一定条件下，谱线强度只与试样中原子浓度有关，这正是原子发射光谱定量分析的基础。

影响谱线强度的因素主要有以下几个方面。

（1）激发电位

激发电位增高，处于该激发态的原子数将迅速减少，因此，谱线强度将减弱。

（2）跃迁概率

跃迁概率是指电子在某两个能级之间每秒跃迁的可能性的大小，它与激发态的寿命成反比，也就是说原子处于激发态的时间越长，跃迁概率越小，产生的谱线强度越弱。

（3）激发温度

理论上光源的激发温度越高，谱线强度越大。但实际上，温度升高，除了使原子易于激发外，同时也增加了原子的电离，因此，元素的离子数不断增多，原子数不断减少，从而导致谱线强度减弱，所以，实验时应选择合适的激发温度。

（4）基态原子数

谱线强度与进入光源的激态原子数成正比，因此一般情况下，试样中被测元素的含量越大，发射的谱线也就越大。

3. 谱线自吸与自蚀

谱线自吸收（图 4-11）：弧焰中心 a 的温度最高，边缘 b 的温度较低。由弧焰中心发射出来的辐射光，必须通过整个弧焰才能射出，由于弧层边缘的温度较低，因而这里处于基态的同类原子较多。这些低能态的同类原子能吸收高能态原子发射出来的光而产生吸收光谱。原子在高温时被激发，发射某一波长的谱线，而处于低温状态的同类原子又能吸收这一波长的辐射，这种现象称为自吸现象。

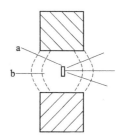

图 4-11　谱线自吸过程

弧层越厚，弧焰中被测元素的原子浓度越大，则自吸现象越严重。

当低原子浓度时，谱线不呈现自吸现象；原子浓度增大，谱线产生自吸现象，使其强度减小。由于发射谱线的宽度比吸收谱线的宽度大，所以，谱线中心的吸收程度要比边缘部分大，因而使谱线出现"边强中弱"的现象。当自吸现象非常严重时，谱线中心的辐射将完全被吸收，这种现象称为自蚀。

4. 发射光谱分析的特点

① 既可用定量分析又可用定性分析。每种元素的原子被激发后，都能发射出各自的特征谱线，所以，根据其特征谱线就可以准确无误的判断元素的存在，因此原子发射光谱是迄今为止进行元素定性分析最好的方法。周期表中大约 70 余种元素都可以用发射光谱法测定。

② 分析速度快。试样多数不需经过化学处理就可分析，且固体、液体试样均可直接分析，同时还可多元素同时测定，若用光电直读光谱仪，则可在几分钟内同时作几十个元素的定量测定。如钢厂炉前分析等。

③ 选择性好。由于光谱的特征性强，所以对于一些化学性质极相似的元素的分析具有特别重要的意义。如铌和钽、锆和铪、十几种稀土元素的分析用其他方法都很困难，而对 AES 来说是毫无困难之举。

④ 检出限低。一般可达 $0.1 \sim 1\mu g/g$，ICP-AES 可达 ng/mL 级。

⑤ 用 ICP 光源时，准确度高，标准曲线的线性范围宽，可达 $4 \sim 6$ 个数量级。可同时测定高、中、低含量的不同元素。因此 ICP-AES 已广泛应用于各个领域之中。

⑥ 样品消耗少。适于整批样品的多组分测定，尤其是定性分析更显示出独特的优势。

5. 原子发射光谱法存在的问题

① 在经典分析中，影响谱线强度的因素较多，尤其是试样组分的影响较为显著，所以对标准参比的组分要求较高。

② 含量（浓度）较大时，准确度较差。

③ 只能用于元素分析，不能进行结构、形态的测定。

④ 大多数非金属元素难以得到灵敏的光谱线。

三、原子发射光谱定性分析

各种元素的原子结构不同，在光源的激发作用下，各种元素所发射的谱线不尽相同，即每种元素都有自己的特征光谱。光谱定性分析就是根据式样中各元素原子所发射的特征光谱是否出现，来判断试样中该元素存在与否。

光谱定性分析一般多采用摄谱法。试样中所含元素只要达到一定的含量，都可以有谱线摄谱在感光板上。通过检查谱片上有无特征谱线的出现来确定该元素是否存在，这就是光谱定性分析。摄谱法操作简单，价格便宜，快速。它是目前进行元素定性检出的最好方法。

寻找和辨认谱线是光谱定性分析的关键。为了寻找和辨认谱线，下面介绍几个基本概念。

1. 基本概念

（1）共振线

由激发态直接跃迁至基态时所辐射的谱线称为共振线。由第一激发态（最低能级的激发态）直接跃至基态时所辐射的谱线称为第一共振线，一般也是元素的最灵敏线。

（2）灵敏线

所谓"灵敏线"是指各种元素谱线中强度比较大的谱线。通常具有最容易激发或激发电位较低的谱线。一般来说灵敏线多是一些共振线。

（3）最后线

元素的谱线强度随试样中该元素含量的减少而降低，并且在元素含量降低时其中有一部分灵敏度较低、强度较弱的谱线渐次消失，即光谱线的数目减少，最后消失的谱线称为最后线。例如：

溶液中 Cd^{2+} 含量	谱线条数
10%	14
0.1%	10
0.01%	7
0.001%	1（2265A）

从理论上讲，最后线就是最灵敏线。但实际上最后线不一定是最灵敏线。当元素含量较高，自吸收现象严重时，最后线不是最灵敏线；当元素含量较低，自无吸收现象时，最后线就是最灵敏线。

（4）分析线

不同元素的原子结构不同，其光谱不同。简单元素有几十条谱线（如氢），复杂元素的原子如铀，多达几千条谱线。一般式样特别是岩石、矿物试样是由多种元素组成的，这些试样的光谱是由相互交错的为数众多的谱线组成。但是为了鉴定试样中某种元素存在与否，没有必要对该元素的谱线逐一核对，只需要检查几根便于观测的谱线即可。这些用作鉴定元素存在及测定元素含量的谱线成为分析线。分析线一般是灵敏线或最后线。

2. 光谱定性分析的方法

（1）标准试样光谱比较法

将要检出元素的纯物质和纯化合物与试样并列摄谱于同一感光板上，在映谱仪上检查试样光谱与纯物质光谱。若两者谱线出现在同一波长位置上，即可说明某一元素的某条谱线存在。例如，欲检查某 TiO_2 试样中是否含有 Pb，只需将 TiO_2 试样和已知含 Pb 的 TiO_2 标准试样并列摄于同一感光板上，比较并检查试样光谱中是否含有 Pb 的谱线存在，便可确定试样中是否含有 Pb。

显然，这种方法只适应试样中指定元素的定性。不适应光谱全分析。

（2）铁光谱比较法（元素标准光谱图比较法）

铁元素的光谱谱线很多，在 210～660nm 波长范围内，大约有 4600 条谱线，其中每条谱线的波长，都已作了精确的测定，载于谱线表内。所以用铁的光谱线作为波长的标尺是很适宜的。

"元素标准光谱图"就是将各个元素的分析线按波长位置标插在放大 20 倍的铁光谱图的相应位置上制成的。

在进行定性分析时，将试样和纯铁并列摄谱。只要在映谱仪上观察所得谱片，使元素标准光谱图上的铁光谱谱线与谱片上摄取的铁谱线相重合，如果试样中未知元素的谱线与标准光谱图中已标明的某元素谱线出现的位置相重合，则该元素就有存在的可能。

3. 光谱定性分析的操作过程

（1）试样处理

在摄谱前，试样往往要做一些预处理，处理的方法依试样的性质而定。

对无机物可作如下处理：

① 金属或合金试样。由于金属与合金本身能导电，可直接做成电极，称为自电极。若试样量较少或为粉末样品，通常置于由石墨制成的各种形状电极小孔中，然后激发。

② 矿石试样。磨碎成粉末，置于由石墨制成的各种形状电极小孔中，然后激发。常用石墨电极如图 4-12 所示。

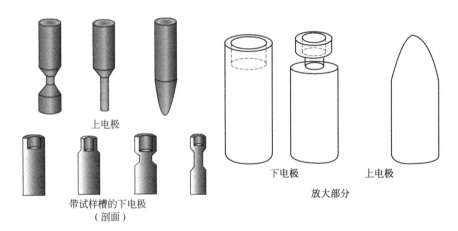

图 4-12　常用石墨电极

③ 溶液试样。ICP 光源，直接用雾化器将试样溶液引入等离子体内。

电弧或火花光源通常用溶液干渣法进样。将试液直接滴在平头或凹面电极上，烘干后激发；或先浓缩至有结晶析出，然后滴入电极小孔中加热蒸干后再进行激发；或将原溶液全部蒸干，磨碎成粉末，置于由石墨制成的各种形状电极小孔中，然后激发。

④ 分析微量成分时，常需要富集，如用溶剂萃取等。

对于有机物（如粮食、人发中微量元素的测定）：一般先低温干燥，然后在坩埚中灰化，最后在将灰化后的残渣置于电极小孔中激发。

常用的电极材料为石墨，常常将其加工成各种形状。石墨具有导电性能良好，沸点高

（可达 4000K），有利于试样蒸发，谱线简单，容易制纯及容易加工成型等优点。

缺点是：在点弧时，碳与空气中的氮结合产生 CN，氰分子在 358.39～421.60nm 范围内产生分子吸收（带状分子光谱），会干扰 Ca417.2 nm，Ti377.5 nm，Pb405.7 nm，Mo386.4 nm 等元素测定，此时可改用铜电极。

（2）摄谱

① 光谱仪。一般多采用中型光谱仪，但对谱线复杂的元素（如稀土元素等）则需选用色散率大的大型光谱仪。狭缝宽度 5～7μm。

② 光源。在定性分析中，一般选用通常选择灵敏度高的直流电弧光源。

在进行光谱全分析时，对于复杂式样，可采用分段曝光法，先在小电流（5A）激发，摄取易挥发元素光谱调节光阑，改变曝光位置后，加大电流（10A），再次曝光摄取难挥发元素光谱。

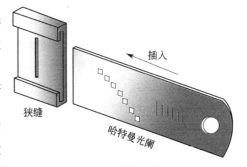

图 4-13　哈特曼光阑

为了能将试样和铁谱能并列摄于同一感光板上，摄谱时要使用哈特曼光阑（图 4-13）。采用哈特曼光阑，可多次曝光而不影响谱线相对位置，便于对比。

摄谱顺序：碳电极（空白）、铁谱、试样。

（3）检查谱线

摄谱法是用照相的方法把光谱记录在感光板上，即将光谱感光板置于摄谱仪焦面上，接受被分析试样的光谱作用而感光，再经过显影、定影等过程后，制得光谱底片，其上有许多黑度不同的光谱线。

一般是在映谱仪上，使元素标准光谱图上的铁光谱谱线与谱片上摄取的铁谱线相重合，逐条检查各元素的灵敏线是否存在，已确定该元素的存在。当元素含量高时，也用其他特征谱线（不一定用灵敏线）。

对于复杂试样，应考虑谱线重叠的干扰，一般至少应有 2 条灵敏线出现，才能判断该元素存在。在摄取的光谱中逐条检查灵敏线是光谱定性分析工作的基本方法。对于试样中某些含量较高的元素，不一定依靠灵敏线（最后线）作判断，而可以用一些特征线组，如249.6～249.7 nm 硼双重线，330.2 nm 钠双重线，310.0 nm 铁三重线，279.5～280.2 nm 镁双重线等。

应该注意的是，对于成分复杂的试样，应考虑谱线相互重叠干扰的影响。因此当观察到有某元素的一条谱线时，尚不能完全确信该元素的存在，而还必须继续查找该元素的其他灵敏线和特征谱线是否出现，一般有两条以上的灵敏线出现，才能确认该元素的存在。

当分析元素灵敏线被其他元素谱线重叠干扰，但又找不到其他灵敏线作判断时，则可在该线附近再找出一条干扰元素的谱线（与原干扰线黑度相同或稍强一些）进行比较，如该分析元素灵敏线的黑度大于或等于找出的干扰元素谱线的黑度，则可断定分析元素存在。例如试样中铁含量较高时，Zr343.823 nm 被 Fe343.831nm 所重叠，可与 Fe343.795 nm 的黑度相比较，来确定锆的存在与否。如 Zr343.823nm 的黑度大于或等于 Fe343.795nm 时，可确信锆是存在的。

为了避免干扰谱线，也可以考虑用大色散率的摄谱仪来进行摄谱，这样可使波长差别很小的互相干扰的谱线有可能分辨。有时则利用试样中元素的挥发性能不同，采用不同电流时的分段曝光法，使易挥发元素和难挥发元素的谱线重叠干扰得以减免。

四、原子发射光谱半定量分析

在实际工作中，有时只需要知道试样中元素的大致含量，不需要知道其准确含量。例如钢材与合金的分类、矿产品位的大致估计等，另外，有时在进行光谱定性分析时，需要同时给出元素的大致含量，在这些情况下，可以采用光谱半定量分析。所以光谱半定量分析的任务就是给出试样中某元素的大致含量。

光谱半定量分析的方法有 3 种：谱线呈现法；谱线强度比较法；均称线对法等。其中谱线强度比较法最为常用。

1. 谱线呈现法

谱线强度与元素的含量有关。当元素含量的降低时，其谱线强度逐渐减弱，强度较弱的谱线渐次消失，即光谱线的数目逐渐减少。因此，可以根据谱现出现的条数及其明亮的程度判断该元素的大致含量。该法的优点是简便快速，其准确程度受试样组成与分析条件的影响较大。

例如：

Pb 含量/%	谱线 λ/nm
0.001	283.3069 清晰可见，261.4178 和 280.200 很弱
0.003	283.306、261.4178 增强，280.200 清晰
0.01	上述谱线增强，另增 266.317 和 278.332，但不太明显。
0.1	上述谱线增强，无新谱线出现
1.0	上述谱线增强，214.095、244.383、244.62 出现，241.77 模糊
3	上述谱线增强，出现 322.05、233.242 模糊可见
10	上述谱线增强，242.664 和 239.960 模糊可见
30	上述谱线增强，311.890 和 269.750 出现

2. 谱线强度比较法

光谱半定量分析常采用摄谱法中比较黑度法，这个方法须配制一个基体与试样组成近似的被测元素的标准系列（如，1%，0.1%，0.01%，0.001%）。在相同条件下，在同一块感光板上标准系列与试样并列摄谱，然后在映谱仪上用目视法直接比较试样与标准系列中被测元素分析线的黑度。黑度若相同，则可做出试样中被测元素的含量与标准样品中某一个被测元素含量近似相等的判断。该法的准确度取决于被测试样与标准样品组成的相似程度及标准样品中待测元素含量间隔的大小。

例如，分析矿石中的铅，即找出试样中灵敏线 283.3 nm，再以标准系列中的铅 283.3nm 线相比较，如果试样中的铅线的黑度介于 0.01% ~ 0.001% 之间，并接近于 0.01%，则可表示为 0.01% ~ 0.001%。

3. 均称线对法

以测定低合金钢中的钒为例。合金钢中，铁为主要成分，其谱线强度变化不大，可认为恒定。实验发现，钒的谱线强度与铁有如下关系：

钒含量/%	钒谱线强度与铁谱线强度的关系
0.2	V438.997＝Fe437.593nm
0.3	V439.523＝Fe437.593nm
0.4	V437.924＝Fe437.593nm
0.6	V439.523＞Fe437.593nm

这些线都是均称线对，即激发电位接近。用目视观察即可判断元素的大致含量。

五、原子发射光谱定量分析

1. 光谱定量分析的关系式

光谱定量分析主要是根据谱线强度与被测元素浓度的关系来进行的。赛伯和罗马金先后独立提出，当温度一定时，谱线强度与元素浓度之间的关系符合下列经验公式：

$$I = Ac^b$$

或

$$\lg I = b \lg c + \lg A \tag{4-3}$$

此式称为赛伯-罗马金公式，是光谱定量分析的基本关系式。式中 b 为自吸系数，与谱线的自吸收现象有关。b 随浓度 c 增加而减小，当浓度较高时，$b < 1$，当浓度很小无自吸时，$b = 1$，因此，在定量分析中，选择合适的分析线是十分重要的。A 是与试样蒸发、激发过程以及试样组成有关的一个参数。

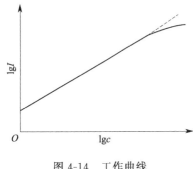

图 4-14　工作曲线

假若 A、b 能保持不变，为常数，以 $\lg I$ 对 $\lg c$ 作图，所得曲线在一定浓度范围内为一直线，如图 4-14 所示。但实际上，A 很难保持常数，因为 A 是与试样蒸发、激发过程以及试样组成有关的一个参数，试样蒸发、激发条件以及试样组成任何变化，均使参数 A 发生变化，直接影响 I。这种变化在光谱分析中往往是难以避免的。因此，要根据谱线的绝对强度进行定量分析，往往得不到准确的结果。所以，实际光谱分析中，常采用一种相对的方法，即内标法，来消除工作条件的变化对测定的影响。

2. 内标法

内标法是利用分析线和比较线强度之比与元素含量的关系来进行光谱定量分析的方法。所选用的比较线称为内标线，提供内标线的元素称为内标元素。

设被测元素和内标元素含量分别为 c 和 c_0，分析线和内标线强度分别为 I 和 I_0，b 和 b_0 分别为分析线和内标线的自吸收系数，根据赛伯-罗马金公式，对分析线和内标线分别有：

$$I = A_1 c^b$$

$$I_0 = A_0 c_0^{b_0}$$

用 R 表示分析线和内标线强度的比值：

$$R = \frac{I}{I_0} = Ac^b \tag{4-4}$$

式中，$A = A_1 / A_0 c_0^{b_0}$，在内标元素含量 c_0 和实验条件一定时，A 为常数，则

$$\lg R = b \lg c + \lg A \tag{4-5}$$

式（4-4）是内标法光谱定量分析的基本关系式。此式为内标法的基本公式。以 $\lg R$ 对 $\lg c$ 所作的曲线即为相应的工作曲线，其形状与图 4-14 相同。只要测出谱线的相对强度 R，便可从相应的工作曲线上求得试样中欲测元素的含量。

金属光谱分析中的内标元素，一般采用基体元素。如钢铁分析中，内标元素是铁。但在矿石光谱分析中，由于组分变化很大，又因基体元素的蒸发行为与待测元素也多不相同，故一般都不用基体元素作内标，而是加入定量的其他元素。

此法可在很大程度上消除光源放电不稳定等因素带来的影响，因为尽管光源变化对分析

线的绝对强度有较大的影响，但对分析线和内标线的影响基本是一致的，所以对其相对影响不大。

3. 光谱定量分析方法

光谱定量分析方法常用的有标准曲线法（三标样法）和标准加入法。其中三标样法最为常用。

（1）标准曲线法（三标样法）

在确定的分析条件下，用 3 个或 3 个以上含有不同浓度被测元素的标准样品与试样在相同的条件下激发光谱，以分析线强度 I 或内标分析线对强度比 R 或 $\lg R$ 对浓度 c 或 $\lg c$ 做校准曲线。再由校准曲线求得试样被测元素含量。

如用照相法记录光谱，分析线与内标线的黑度都落在感光板乳剂特性曲线的正常曝光部分，这时可直接用分析线对黑度差 ΔS 与 $\lg c$ 建立校正曲线，进行定量分析。

校正曲线法是光谱定量分析的基本方法，应用广泛，特别适用于成批样品的分析。

注意：标准试样不得少于 3 个。为了减少误差，提高测量的精度和准确度，每个标样及分析试样一般应平行摄谱 3 次，取其平均值。

（2）标准加入法

当测定低含量元素时，找不到合适的基体来配制标准试样时，一般采用标准加入法。

设试样中被测元素含量为 c_x，在几份试样

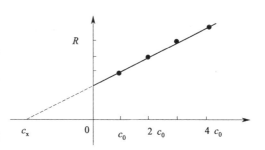

图 4-15　标准加入法工作曲线

中分别加入不同浓度 c_1、c_2、c_3、…的被测元素；在同一实验条件下，激发光谱，然后测量试样与不同加入量样品分析线对的强度比 R。在被测元素浓度低时，自吸系数 $b=1$，分析线对强度 $c \propto R$，R-c 图为一直线，将直线外推，与横坐标相交截距的绝对值即为试样中待测元素含量 c_x。

标准加入法可用来检查基体纯度、估计系统误差、提高测定灵敏度等。

六、光谱定量分析工作条件的选择

1. 光源

可根据被测元素的含量、元素的特征及分析要求等选择合适的光源（表 4-1）。

表 4-1　几种光源的比较

光源	蒸发温度	蒸发温度/K	放电稳定性	应用范围
直流电弧	高	4000～7000	稍差	定性分析,矿物、纯物质、难挥发元素的定量分析
交流电弧	中	4000～7000	较好	试样中低含量组分的定量分析
火花	低	瞬间 10000	好	金属与合金、难激发元素的定量分析
ICP	很高	6000～8000	很好	溶液定量分析

2. 狭缝

在定量分析中，为了减少由乳剂不均匀所引入的误差，宜使用较宽的狭缝，一般可达 $20\mu m$。

3. 内标元素和内标线

加入内标元素符合下列几个条件。

① 内标元素与被测元素在光源作用下应有相近的蒸发性质。

② 内标元素若是外加的，必须是试样中不含或含量极少可以忽略的。

③ 分析线对选择需匹配，两条原子线或两条离子线。

④ 分析线对两条谱线的激发电位相近 。

⑤ 分析线对波长应尽可能接近。

⑥ 分析线对两条谱线应没有自吸或自吸很小，并不受其他谱线的干扰。

⑦ 内标元素含量一定。

4. 光谱缓冲剂

试样组分影响弧焰温度，弧焰温度又直接影响待测元素的谱线强度。这种由于其他元素存在而影响待测元素谱线强度的作用称为第三元素的影响。对于成分复杂的样品，第三元素的影响往往非常显著，并引起较大的分析误差。

为了减少试样成分对弧焰温度的影响，使弧焰温度稳定，试样中加入一种或几种辅助物质，用来抵偿试样组成变化的影响，这种物质称为光谱缓冲剂。

常用的缓冲剂有：碱金属盐类用做挥发元素的缓冲剂；碱土金属盐类用做中等挥发元素的缓冲剂，碳粉也是缓冲剂常见的组分。

此外，缓冲剂还可以稀释试样，这样可减少试样与标样在组成及性质上的差别。在矿石光谱分析中，缓冲剂的作用是不可忽视的。

七、原子发射光谱法的应用

原子发射光谱分析在鉴定金属元素方面（定性分析）具有较大的优越性，不需分离、多元素同时测定、灵敏、快捷，可鉴定周期表中约 70 多种元素，长期在钢铁工业（炉前快速分析）、机加工企业的进厂来料检测、地矿等方面发挥重要作用；20 世纪 80 年代以来，全谱光电直读等离子体发射光谱仪发展迅速，已成为无机化合物分析的重要仪器。

第四节　原子吸收光谱分析法的基本原理

一、原子吸收光谱分析引论

原子吸收光谱法（atomic absorption spectrometry，AAS）是根据基态原子对特征波长光的吸收，来测定试样中待测元素含量的分析方法，简称原子吸收分析法。用于原子吸收光谱分析的仪器称为原子吸收分光光度计（atomic absorption spectrophotometer）或原子吸收光谱仪。

原子吸收光谱法是 20 世纪 50 年代中期出现并在以后逐渐发展起来的一种新型的仪器分析方法，这种方法根据蒸气相中被测元素的基态原子对其原子共振辐射的吸收强度来测定试样中被测元素的含量。它在地质、冶金、机械、化工、农业、食品、轻工、生物医药、环境保护、材料科学等各个领域有广泛的应用。原子吸收光谱法已广泛地用于低含量元素的定量测定，可对 70 余种金属元素及非金属元素进行定量，其检测限可达 ng/mL 。原子吸收光谱法的优点与不足如下所述。

① 检出限低，灵敏度高。火焰原子吸收法的检出限可达到 10^{-9} 级，石墨炉原子吸收法的检出限可达到 $10^{-10} \sim 10^{-14}$ g。准确度也比较高，火焰原子化法的相对误差通常在 1% 以内，石墨炉原子化法为 3%～5%。

② 分析精度好。火焰原子吸收法测定中等和高含量元素的相对标准差可小于 1%，其准确度已接近于经典化学方法。石墨炉原子吸收法的分析精度一般为 3%～5%。

③ 分析速度快。原子吸收光谱仪在 35min 内能连续测定 50 个试样中的 6 种元素。

④ 仪器比较简单，操作方便，应用比较广。不仅可以测定金属元素，也可以用间接法测定某些非金属元素和有机化合物。

⑤ 原子吸收光谱法的不足之处是多元素同时测定尚有困难，有相当一些元素的测定灵敏度还不能令人满意。难熔元素、非金属元素测定困难。

二、基态原子及原子吸收光谱的产生

任何元素的原子都有原子核和围绕原子核运动的电子组成。这些电子按其能量的高低分层分布，而具有不同的能级，因此一个原子可具有多种能级状态。在正常状态下，原子处于最低能态（这个能态最稳定）称为基态。处于基态的原子称基态原子。当有辐射通过自由原子蒸气，且入射辐射的频率等于原子中的电子由基态跃迁到较高能态（一般情况下都是第一激发态）所需要的能量频率时，原子就要从辐射场中吸收能量，产生共振吸收，电子由基态跃迁到激发态，同时伴随着原子吸收光谱的产生。原子的能级与跃迁如图 4-16 所示。

1. 原子的能级与跃迁

（1）基态→第一激发态

吸收一定频率的辐射能量，产生共振吸收线（简称共振线）→吸收光谱

（2）激发态→基态

发射出一定频率的辐射，产生共振吸收线（也简称共振线）→发射光谱

2. 元素的特征谱线

（1）各种元素的原子结构和外层电子排布不同。

基态→第一激发态：跃迁吸收能量不同——具有特征性。

（2）各种元素的基态→第一激发态。

最易发生，吸收最强，最灵敏线。是特征谱线。

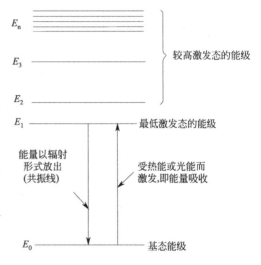

图 4-16　原子的能级与跃迁

（3）利用原子蒸气对特征谱线的吸收可以进行定量分析。

三、基态原子与激发态原子的分配

在进行原子吸收测定时，试液应在高温下挥发并解离成原子蒸气——原子化过程，其中有一部分基态原子进一步被激发成激发态原子，在一定温度下，处于热力学平衡时，激发态原子数 N_j 与基态原子数 N_0 之比服从玻尔兹曼分布定律：

$$\frac{N_0}{N_j} = \frac{G_j}{G_0} e^{-\frac{E_j}{KT}} \tag{4-6}$$

式中，G_j、G_0 分别代表激发态和基态原子的统计权重（表示能级的间并度，即相同能量能级的状态的数目）；E_j 为激发态能量；K 为玻耳兹曼常数（1.83×10^{-23} J/K）；T 为热力学温度。

在原子光谱中，一定波长谱线的 G_j/G_0 和 E_j 都已知，不同 T 的 N_j/N_0 可用上式求出。当 <3000K 时，都很小，不超过 1‰，即基态原子数 N_0 比 N_j 大的多，占总原子数的 99%以上，通常情况下可忽略不计，则：

$$N_0 \approx N$$

若控制条件是进入火焰的试样保持一个恒定的比例，则 A 与溶液中待测元素的浓度成正比，因此，在一定浓度范围内：

$$A = Kc \qquad (4\text{-}7)$$

此式说明：在一定实验条件下，通过测定基态原子（N_0）的吸光度（A），就可求得试样中待测元素的浓度（c），此即为原子吸收分光光度法定量基础。

表 4-2　某些元素共振线的 N_j/N_0 值

共振线/nm	g/g_0	激发能/eV	N_j/N_0	
			$T = 2000K$	$T = 3000K$
Na589.0	2	2.104	0.99×10^{-5}	5.83×10^{-4}
Sr460.7	3	2.690	4.99×10^{-7}	9.07×10^{-5}
Ca422.7	3	2.932	1.22×10^{-7}	3.55×10^{-5}
Fe372.0		3.332	2.99×10^{-9}	1.31×10^{-6}
Ag328.1	2	3.778	6.03×10^{-10}	8.99×10^{-7}
Cu324.8	2	3.817	4.82×10^{-10}	6.65×10^{-7}
Mg285.2	3	4.346	3.35×10^{-11}	1.50×10^{-7}
Pb283.3	3	4.375	2.83×10^{-11}	1.34×10^{-7}
Zn213.9	3	5.795	7.45×10^{-13}	5.50×10^{-10}

四、谱线的轮廓及其变宽

原子吸收光谱线并不是严格几何意义上的线，而是占据着有限的相当窄的频率或波长范围，即有一定的宽度。原子吸收光谱的轮廓以原子吸收谱线的中心波长和半宽度来表征。中心波长由原子能级决定。半宽度是指在中心波长的地方，极大吸收系数一半处，吸收光谱线轮廓上两点之间的频率差或波长差。半宽度受到很多实验因素的影响。

影响原子吸收谱线轮廓的两个主要因素：原子吸收谱线的中心波长和半宽度。

原子的吸收光谱线具有一定宽度的原因有以下几个。

1. 多普勒变宽

多普勒变宽是由于原子热运动引起的。从物理学中已知，从一个运动着的原子发出的光，如果运动方向离开观测者，则在观测者看来，其频率较静止原子所发的光的频率低；反之，如原子向着观测者运动，则其频率较静止原子发出的光的频率为高，这就是多普勒效应。原子吸收分析中，对于火焰和石墨炉原子吸收池，气态原子处于无序热运动中，相对于检测器而言，各发光原子有着不同的运动分量，即使每个原子发出的光是频率相同的单色光，但检测器所接受的光则是频率略有不同的光，于是引起谱线的变宽。

谱线的多普勒变宽 $\Delta\nu_D$ 可由式(4-8)决定：

$$\Delta\nu_D = \frac{2\nu_0}{c}\sqrt{\frac{2\ln2RT}{M}} = 7.162 \times 10^{-7} \nu_0 \sqrt{\frac{T}{M}} \qquad (4\text{-}8)$$

式中，R 为气体常数；c 为光速；M 为原子量；T 为热力学温度，K；ν_0 为谱线的中心频率。

由式(4-8)可见，多普勒变宽与元素的原子量、温度和谱线频率有关。随温度升高和原子量减小，多普勒变宽增加。

2. 碰撞变宽

当原子吸收区的原子浓度足够高时，碰撞变宽是不可忽略的。因为基态原子是稳定的，其寿命可视为无限长，因此对原子吸收测定所常用的共振吸收线而言，谱线宽度仅与激发态原子的平均寿命有关，平均寿命越长，则谱线宽度越窄。原子之间相互碰撞导致激发态原子平均寿命缩短，引起谱线变宽。碰撞变宽分为两种，即赫鲁兹马克变宽和洛伦兹变宽。

3. 赫鲁兹马克变宽

被测元素激发态原子与基态原子相互碰撞引起的变宽，称为共振变宽，又称赫鲁兹马克变宽或压力变宽。在通常的原子吸收测定条件下，被测元素的原子蒸气压力很少超过0.133Pa，共振变宽效应可以不予考虑，而当蒸气压力达到13.3Pa时，共振变宽效应则明显地表现出来。

4. 洛伦兹变宽

被测元素原子与其他元素的原子相互碰撞引起的变宽，称为洛伦兹变宽。洛伦兹变宽随原子区内原子蒸气压力增大和温度升高而增大。

5. 其他变宽

除上述因素外，影响谱线变宽的还有其他一些因素，例如场致变宽、自吸效应等。但在通常的原子吸收分析实验条件下，吸收线的轮廓主要受多普勒和洛伦兹变宽的影响。在2000～3000K的温度范围内，原子吸收线的宽度为$10^{-3}～10^{-2}$nm。

第五节　原子吸收光谱的测量

一、积分吸收

在原子吸收分析中，常将原子蒸气所吸收的全部能量称为积分吸收，即吸收线下所包括的整个面积。依据经典色散理论，积分吸收与原子蒸气中基态原子的密度有如下关系：

$$\int K_u d_u = (\pi e^2/mc) N_0 f \tag{4-9}$$

式中，e 为电子电荷；m 为电子质量；c 为光速；N_0 为单位体积的原子蒸气中吸收辐射的基态原子数，即原子密度；f 为振子强度（代表每个原子中能够吸收或发射特定频率光的平均电子数，通常可视为定值）。

该式表明，积分吸收与单位体积原子蒸气中吸收辐射的原子数成简单的线性关系，它是原子吸收分析法的一个重要理论基础。因此，若能测定积分值，即可计算出待测元素的原子密度，从而使原子吸收分析法成为一种绝对测量法。但要测得半宽度为0.0001～0.0005nm的吸收线的积分值是相当困难的。所以，直到1955年才由A. Walsh提出解决的办法。即：以锐线光源（能发射半宽度很窄的发射线的光源）来测量谱线的峰值吸收，并以峰值吸收值来代表吸收线的积分值。

二、峰值吸收

由于在目前的技术条件下无法测量积分吸收，可以用峰值吸收代替积分吸收。实现峰值吸收测量的条件是光源发射线的半宽度应小于吸收线的半宽度，且通过原子蒸气的发射线的中心频率恰好与吸收线的中心频率 ν_0 相重合。

若采用连续光源，要达到能分辨半宽度为10^{-3}nm，波长为500nm的谱线，按计算需要有分辨率高达50万的单色器，这在目前的技术条件下还十分困难。因此，目前原子吸收仍采用空心阴极灯等特制光源来产生锐线发射。

基态原子对共振线的吸收程度与蒸气中基态原子的数目和原子蒸气厚度的关系，在一定的条件下，服从朗伯-比耳定律：

$$A = \lg(I_0/I) = KLN_0 \qquad (4\text{-}10)$$

式中，A 为吸光度；I_0 为光源发射出被测元素共振线的强度；I 为被原子蒸气吸收后透过光的强度；K 为原子吸收系数；N_0 为蒸气中基态原子的数目；L 为原子蒸气的厚度（火焰宽度）。

由于原子化过程中激发态原子数目和离子数很少，因此蒸气中的基态原子数目实际上接近于被测元素的总原子数目，而总原子数目与溶液中被测元素的浓度 c 成正比。在一定条件下：

$$A = KC \qquad (4\text{-}11)$$

式中，K 是与实验条件有关的常数。该式为原子吸收光谱法的定量依据。由于在原子吸收测量温度下基态原子数近似等于原子总数，原子吸收光谱法灵敏度高。

第六节　原子吸收光谱仪

一、基本装置及其工作原理

用于原子吸收光谱分析的仪器称为原子吸收分光光度计（atomic absorption spectrophotometer）或原子吸收光谱仪。是基于从光源辐射出待测元素的特征光波，通过样品的蒸气时，被蒸气中待测元素的基态原子所吸收，由辐射光波强度减弱的程度，可以求出样品中待测元素的含量。主要由光源、原子化器、分光系统、检测放大系统 4 部分组成。其结构如图 4-17 所示。

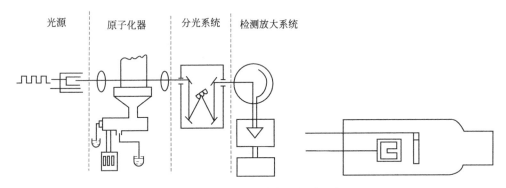

图 4-17　原子吸收分光光度计示意

二、光源

原子吸收分光光度计光源的作用是辐射基态原子吸收所需的特征谱线。对光源的要求是：发射待测元素的锐线光谱有足够的发射强度、背景小、稳定性高；原子吸收分光光度计广泛使用的光源有空心阴极灯，偶尔使用蒸气放电灯和无极放电灯。

1. 空心阴极灯

它有一个由被测元素材料制成的空心阴极和一个由钛、锆、钽或其他材料制作的阳极。阴极和阳极封闭在带有光学窗口的硬质玻璃管内，管内充有压强为 $267 \sim 1333\text{Pa}$（$2 \sim 10\text{mmHg}$）的惰性气体氖或氩，其作用是产生离子撞击阴极，使阴极材料发光。

由于原子吸收分析中每测一种元素需换一个灯，很不方便，现也制成多元素空心阴极灯，但发射强度低于单元素灯，且如果金属组合不当，易产生光谱干扰，因此，使用尚不普遍。

2. 无极放电灯

对于砷、锑等元素的分析，为提高灵敏度，也常用无极放电灯作光源。无极放电灯是由一个数厘米长、直径 5～12cm 的石英玻璃圆管制成。管内装入数毫克待测元素或挥发性盐类，如金属、金属氯化物或碘化物等，抽成真空并充入压力为 67～200Pa 的惰性气体氩或氪，制成放电管，将此管装在一个高频发生器的线圈内，并装在一个绝缘的外套里，然后放在一个微波发生器的同步空腔谐振器中。这种灯的强度比空心阴极灯大几个数量级，没有自吸，谱线更纯。

光源应满足如下要求：

① 能发射待测元素的共振线；

② 能发射锐线，发射的共振辐射的半宽度要明显小于吸收线的半宽度；

③ 辐射光强度大，稳定性好。

空心阴极灯是能满足上述各项要求的理想的锐线光源，应用最广。

三、原子化系统

原子化器的功能是提供能量，使试样干燥、蒸发和原子化。在原子吸收光谱分析中，试样中被测元素的原子化是整个分析过程的关键环节，它是原子吸收分光光度计的重要部分，其性能直接影响测定的灵敏度，同时很大程度上还影响测定的重现性。实现原子化的方法，最常用的有两种：火焰原子化法，是原子光谱分析中最早使用的原子化方法，至今仍在广泛地应用；非火焰原子化法，其中应用最广的是石墨炉原子化法。

1. 火焰原子化法

火焰原子化法器是将试样转化为气态的基态原子，并吸收光源发出的特征光谱。

火焰原子化法中，常用的是预混合型原子化器，其结构如图 4-18 所示。主要的部分有：雾化器、混合室、燃烧器和火焰。

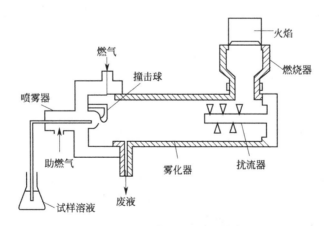

图 4-18　预混合型原子化器结构

（1）雾化器

雾化器是关键部件，其作用是将试液雾化，使之形成直径为微米级的气溶胶。

（2）混合室

混合室的作用是使较大的气溶胶在室内凝聚为大的溶珠沿室壁流入泄液管排走，使进入火焰的气溶胶在混合室内充分混合均匀以减少它们进入火焰时对火焰的扰动，并让气溶胶在室内部分蒸发脱溶。

（3）燃烧器

最常用的是单缝燃烧器，其作用是产生火焰，使进入火焰的气溶胶蒸发和原子化。它应有防止回火的保护装置，抗腐蚀，受热不变形，在水平和垂直万向能准确、重复地调节位置。一般以钛或钛钢制品为好。

（4）火焰

火焰的作用是使试样蒸发、干燥、解离（还原），产生大量基态原子。

温度过高，会使试样原子激发或电离，基态原子数减少，吸光度下降。温度过低，不能使试样中盐类解离或解离太小。测定的灵敏度会受影响。因此根据情况选择合适的火焰温度。保证待测元素充分离解为基态原子的前提下，尽量采用低温火焰。

2. 非火焰原子化法

非火焰原子化法中，常用的是管式石墨炉原子化器。

石墨炉原子化器的操作分为干燥、灰化、原子化和净化四步，由微机控制实行程序升温。

（1）干燥

在低温（稍高于溶剂的沸点）下蒸发掉样品中溶剂。

（2）灰化

在较高温度下除去低沸点无机物及有机物，减少基体干扰。

（3）高温原子化

使以各种形式存在的分析物挥发并离解为中性原子。操作时停止载气，以延长基态原子在石墨管中的停留时间，提高分析的灵敏度。

（4）净化

升至更高的温度，除去石墨管中的残留分析物，以减少和避免记忆效应。

石墨炉原子化法的优点是：试样原子化是在惰性气体保护下于强还原性介质内进行的，有利于氧化物分解和自由原子的生成；用样量小，样品利用率高，原子在吸收区内平均停留时间较长，绝对灵敏度高；液体和固体试样均可直接进样。缺点是：试样组成不均匀性影响较大，有强的背景吸收，测定精密度不如火焰原子化法。

3. 氢化物形成法

砷、锑、铋、锗、锡、硒、碲和铅等元素，在强还原剂（如四氢硼钠）的作用下，容易生成氢化物。在较低的温度下使其分解、原子化，从而进行原子吸收的测定。

4. 冷原子吸收法

冷原子吸收法主要用于无机汞和有机汞的分析。这方法是基于常温下汞有较高的蒸气压。在常温下用还原剂（如 $SnCl_2$）将 Hg^{2+} 还原为金属汞，然后把汞蒸气送入原子吸收管中，测量汞蒸气对 Hg253.7nm 吸收线的吸收。

四、分光系统

原子吸收光谱的分光系统是用来将待测元素的共振线与干扰的谱线分开的装置。它主要由外光路系统和单色器构成。外光路系统的作用是使光源发出的共振谱线能正确地通过被测试样的原子蒸气，并投射到单色器的入射狭缝上。单色器的作用是将待测元素的共振谱线与其他谱线分开，然后进入检测装置。

外光路系统分单光束系统和双光束系统。单光束型仪器结构简单、体积小、价格低，能满足一般分析要求，其缺点是光源和检测器的不稳定性会引起吸光度读数的漂移。为了克服这种现象，使用仪器之前需要充分预热光源，并在测量时经常校正零点。

单道双光束型原子吸收光度计结构如图 4-19 所示。光源发射的共振线，被切光器分解成两束光，一束（S 束）通过试样被吸收，另一束（R 束）作为参比，两束光在半透明反射镜 M 处交替地进入单色器和检测器。由于两束光由同一光源发出，并且交替地使用相同检测器，因此可以消除光源和检测器不稳定性的影响。

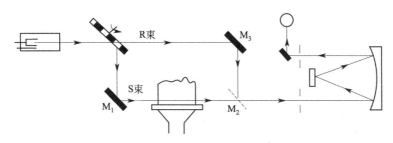

图 4-19　单道双光束型原子吸收光度计

分光系统的关键部件是色散元件，现在商品仪器都是使用光栅。原子吸收光谱仪对分光器的分辨率要求不高，曾以能分辨开镍三线 Ni230.003nm、Ni231.603nm、Ni231.096nm 为标准，后采用 Mn279.5nm 和 Mn279.8nm 代替 Ni 三线来检定分辨率。光栅放置在原子化器之后，以阻止来自原子化器内的所有不需要的辐射进入检测器。

五、检测和显示

在原子吸收分光光度计上，广泛采用光电倍增管作检测器。它的作用是将单色器分出的光信号转变为电信号。这种电信号一般比较微弱，需经放大器放大。信号的对数变换最后由读数装置显示出来。非火焰原子吸收法，由于测量信号具有峰值形状，故宜用峰高法或积分法进行测量。

第七节　原子吸收定量分析方法

原子吸收光谱法是一种相对测量而不是绝对测量的方法，即定量的结果是通过与标准溶液相比较而得出的。所以为了获得准确的测量结果，应根据实际情况选择合适的分析方法。常用的分析方法有标准曲线法和标准加入法、浓度直读法、双标准比较法、内标法等。

一、标准曲线法

标准曲线法是最常用的基本分析方法，主要适用于组分比较简单或共存组分互相没有干扰的情况。配制一组合适的浓度不同的标准溶液，由低浓度到高浓度依次喷入火焰，分别测定它们的吸光度 A，以 A 为纵坐标，被测元素的浓度 c 为横坐标，绘制 A-c 标准曲线。如图 4-20 所示。

在相同的测定条件下，测定未知样品的吸光度，从 A-c 标准曲线上求出未知样品中被测元素的浓度。注意在高浓度时，标准曲线易发生弯曲。

二、标准加入法

对于比较复杂的样品溶液，有时很难配制与样品组成完全相同的标准溶液。这时可以采用标准加入法（图 4-21）。

分取几份等量的被测试样，其中一份不加入被测元素，其余各份试样中分别加入不同已

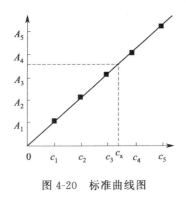

图 4-20　标准曲线图

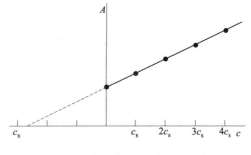

图 4-21　标准加入法的校正曲线

知量 c_1，c_2，c_3，…的被测元素的标准溶液，然后在测定条件下，分别测定它们的吸光度 A_i，绘制吸光度 A_i 对被测元素加入量 c_i 的曲线。

如果被测试样中不含被测元素，在校正背景之后，曲线应通过原点。如果曲线不通过原点，说明被测试样中含有被测元素，截距所对应的吸光度就是被测元素所引起的效应。外延曲线与横坐标轴相交，交点至原点的距离所对应的浓度 c_x，即为所求的被测元素的含量。

标准加入法只适用浓度与吸光度成直线关系的范围；加入第一份标准溶液浓度，与试样溶液的浓度应当接近（可通过试喷样品溶液和标准溶液，比较两者的吸光度来判断），以免曲线在斜率过大、过小时给测定结果引进较大的误差。

该法只能消除基体干扰，而不能消除背景吸收等的影响。

三、浓度直读法

在标准曲线线性范围内，用几个标准溶液喷雾，并用仪表指示调节到它们相应的浓度值。然后在相同的实验条件下吸喷试液，仪表上的读数就是该试液的浓度。方法实质是标准曲线法，但标准曲线的绘制由仪器完成。

浓度直读法的基础是标准曲线法。用仪器内置的校正曲线，将测定的吸光度，算出试样中被测元素的浓度或含量，并显示在仪器上。

浓度直读法测定的基本条件：校正曲线是线性的，而且是稳定的。试样吸光度值必须落在校正曲线动态范围内。浓度直读法的准确度一般要逊于标准曲线法和标准加入法。

四、双标准比较法

双标准比较法是在标准曲线法的基础上发展起来的一种更为准确的定量手段。它是按下列步骤分析样品被测物含量的：调整两份标准液的质量浓度，使其吸收值与样品吸收值相差 $\pm 10\%$ 左右，以两标准点的连线作为标准曲线，在标准曲线的弯曲段，很接近的两点可近似于直线。

按式(4-12)计算样品溶液的质量浓度：

$$c_x = c_1 + \frac{c_2 - c_1}{A_2 - A_1} \times (A_x - A_1) \tag{4-12}$$

式中，c_x 为被测物质量浓度；c_1 为低含量标准液的质量浓度；c_2 为高含量标准液的质量浓度；A_x 为被测物的吸光度；A_1 为低含量标准液的吸光度；A_2 为高含量标准液的吸光度。

双标准比较法可提高原子吸收对高含量测定的准确度，不仅可用于微量成分的测定，也可适用于主成分的测定。双标准比较法要求各个吸光度均在标准曲线量程范围内，但也无法排除基体干扰的影响。这种定量手段虽然能得到较高的准确度，但操作费时，每分析一个样品，通常需要进行两次测定才能得出结果。即第一次测出样品吸光度，做相应的处理后，在第二次测定中才能根据第一次的吸光度找出上下两点相邻的标准液用量进行准确的测定。

五、内标法

在标准溶液和试样溶液中，分别加入一定量试样中不存在的内标元素，同时测定溶液中待测元素和内标元素的吸光度。

以 A_x/A_s 为纵坐标，浓度为横坐标作标准曲线。根据试液中待测元素与内标元素吸光度比值，求得待测元素的浓度。

第八节　实验技术

一、一般分析过程

1. 标准溶液的配制

原子吸收光谱法的定量结果是通过与标准溶液相比较而得出的。配制的标准溶液的组成要尽可能接近未知试样的组成。溶液中含盐量对雾珠的形成和蒸发速度都有影响，其影响大小与盐类性质、质量分数、火焰温度、雾珠大小均有关。当总含盐量在 0.1% 以上时，在标准样品中也应加入等量同一盐类，以期在喷雾时和火焰中所发生的过程相似。对于非直接读出浓度的仪器，则制作一涵盖适当浓度范围的工作曲线。通常亦即制备可产生 0.2~0.8 吸光度的标准溶液。浓度低于 $1\mu g/mL$ 的溶液是不稳定的，不能作为储备溶液，使用时间不要超过 1~2 天。吸附损失的程度和速度，有赖于储存溶液的酸度和容器的质料。作为储备溶液，通常是配制浓度较大的溶液。

2. 取样与防止样品的污染

防止样品的污染是样品处理过程中的一个重要问题。样品污染主要来源有水、大气、容器与所用的试剂。

避免被测痕（微）量元素的损失是样品制备过程中的又一重要问题。由于容器表面吸附等原因，无机储备溶液或试样溶液置放在聚乙烯容器里，维持必要的酸度，保持在清洁、低温、阴暗的地方。有机溶液在储存过程中，应避免它与塑料、胶木瓶盖等直接接触。

3. 试样的处理

原子吸收光谱通常是溶液进样，被测样品需要事先转化为溶液样品。

对于溶液样品，处理比较简单。如果浓度过大，无机样品用水（或稀酸）稀释到合适的浓度范围；有机样品用甲基异丁酮或石油作溶剂，稀释到样品的黏度接近水的黏度。固体、污泥及悬浮物质在分析前必须先加以溶解，此程序随因待测分析的金属及样品特性的不同而异。

对无机样品，首先考虑能否溶于水，若能溶于水，应首选去离子水为溶剂来溶解样品，并配成合适的浓度范围。若样品不能溶于水则考虑稀酸、浓酸或混合酸处理后配成合适浓度的溶液。用酸不能溶解或溶解不完全的样品采用熔融法。

对有机样品，可以先进行灰化处理。灰化处理分为干法灰化和湿法消化两种。干法灰化后再将灰分用 HNO_3、HCl 或其他溶剂进行溶解。已发现在有低分子量的醇、酮和酯存在时，不论是否有水存在，火焰吸收和发射峰的高度一般都有增加。这一效应主要是由于雾化效率提高所致；此种溶液的表面张力较低，所以雾滴较细从而使到达火焰的样品量增加。在原子吸收法中的一个重要分析方法是在与水不相混的有机化合物中加入螯合剂（如双硫腙或

8-羟基喹啉），用来作溶剂萃取以浓缩待测物。直接把有机萃取物雾化引入火焰做原子吸收。

被测元素如果是易挥发性元素如 Hg、As、Cd、Pb、Sb、Se 等，则不宜采用干法灰化。如果使用石墨炉原子化器，则可以直接分析固体样品，采用程序升温，可以分别控制试样干燥、灰化和原子化过程，使易挥发的或易热解的基质在原子化阶段之前除去。

目前，采用微波消解样品法已被广泛采用。无论是地质样品，还是有机样品，微波消解均可获得满意结果。采用微波消解法，可将样品放在聚四氟乙烯焖罐中，于专用微波炉中加热，这种方法样品消解快、分解完全、损失少，适合大批量样品的处理工作，对微量、痕量元素的测定结果好。

4. 仪器的调整

由于不同厂牌及机型的原子吸收光谱仪会有差异，因此分析人员在使用仪器时必须遵循该厂商的使用说明书。下列为操作应当注意事项。

① 选择适当的灯管后，通常需要先让灯管预热 15min。

② 可利用这段期间调整仪器，调正确的波长，选择适当的单光器狭缝宽度，并依照厂商的建议调整电流。

③ 点火并调节燃气及助燃气的流量，调整燃烧头及喷雾器的流速以达到最大的吸收及稳定度。

5. 试样的测定及结果计算

① 测量一系列待测元素的标准溶液，绘制吸光度对应浓度建立工作曲线。

② 吸入样品溶液并直接读出或由工作曲线测定其浓度。每分析一个或一系列样品时须同时测量一次标准溶液。

二、干扰及其抑制

原子吸收分光光度法中，总的说来，干扰是比较小的，这是由方法本身的特点决定的，但在原子吸收法中，在试样转化为基态原子的过程中，不可避免地受到各种因素的干扰。在某些情况下还是很严重的。在原子吸收法中，干扰效应按其性质和产生的原因，可以分为 4 类：物理干扰、化学干扰、电离干扰和光谱干扰。

1. 物理干扰及其消除

物理干扰是指试样在转移、蒸发和原子化过程中，由于试样物理特性的变化而引起的吸收强度变化的效应。它主要影响试样喷入火焰的速度、雾化效率、雾滴大小及分布、溶剂与固体微粒的蒸发等。这类干扰是非选择性的，对试样中各元素的测定影响基本相同。

属于这类干扰的因素有：试液的黏度，它影响试样喷入火焰的速度；表面张力，它影响雾滴的大小及分布；溶剂的蒸气压，它影响蒸发速度和凝聚损失；雾化气体的压力，它影响喷入量的多少等。这些因素都将影响进入火焰中的待测元素的原子数量，从而影响吸光度的测定。此外，大量基体元素的存在，总含盐量的增加，在火焰中蒸发和离解时要消耗大量的热量，也可能影响原子化效率。

配制与待测溶液具有相似组成的标准样品，是消除物理干扰的常用而有效的方法。在不知道试样组成或无法匹配试样时，可采用标准加入法或稀释法来减小和消除物理干扰。

2. 化学干扰及其消除

化学干扰是指液相中或气相中被测元素的原子与其他组分之间发生化学作用，从而影响被测元素化合物的解离及其原子化。

典型的例子是待测元素与共存物作用生成了难挥发的化合物，使得参与吸收的基态原子数减少。例如硫酸盐、磷酸盐对测定钙的干扰，就是由于它们与钙形成难挥发的化合物所致。同样，硅、钛形成难离解的氧化物，钨、硼、稀土元素等生成难离解的碳化物，从而使有关元素不能有效离子化，都是化学干扰的例子。化学干扰是一种选择性干扰。

化学干扰是个复杂的过程，应视具体情况采取相应的对策。消除化学干扰的方法有：化学分离；改变火焰种类和组成；加入释放剂和保护剂；使用基体改进剂等。

① 改变火焰种类和组成可以改变火焰的温度、氧化还原性质、背景噪声等情况从而消除某些化学干扰。

② 改良基体在石墨炉原子化器中的性质，硒在 $300\sim400℃$ 开始挥发，如在干燥之前加入镍，使硒生成硒化镍，可将灰化温度提高到 $1200℃$。加入基体改进剂后，可提高被测物质的稳定性或降低被测元素的原子化温度从而消除干扰。

③ 加入释放剂。加入一种过量的金属元素，与干扰元素形成更稳定或更难挥发的化合物，从而使待测元素释放出来。例如，磷酸根干扰钙的测定，如果加入 La 或 Sr 之后，La、Sr 与磷酸根离子结合从而将钙释放出来，消除了磷酸盐对钙测定的干扰。

④ 加入保护剂可以与待测元素形成稳定的配合物，使待测元素不与干扰离子生成难挥发性化合物，起到"保护"待测元素不受干扰的作用。例如，为了消除磷酸盐对钙的干扰，也可以加入 EDTA 配合剂，使 Ca 转化成 Ca-EDTA 配合物，该配合物在火焰中易于原子化，也就消除了磷酸盐对钙的干扰。

⑤ 加入缓冲剂。在标准溶液和试液中均加入超过缓冲量（即干扰不再发生变化的最低限量）的干扰元素。当加入量达到一定程度时，干扰效应达到"饱和"点，这时干扰效应不再随干扰元素量的变化而变化。例如，在乙炔-氧化亚氮火焰中测钛时，铝会增加钛的吸收。

当在标准溶液和试液中均加入 $200mg/kg$ 以上的铝时，铝对钛的干扰趋于恒定。这种方法的缺点是，它显著地降低灵敏度。

加入抑制剂的方法简单有效，得到广泛应用。表 4-3 列出了常用抑制干扰的试剂。

⑥ 化学分离。上述几种方法抗干扰无效时，可以考虑用化学分离法：如萃取、离子交换、沉淀等分离手段，从试样中除去干扰元素或把待测元素分离出来。

3. 电离干扰及其消除

在高温下原子电离，使基态原子的浓度减少，引起原子吸收信号降低，此种干扰称为电离干扰。电离效应随温度升高、电离平衡常数增大而增大，随被测元素的电离能的增加而降低，随被测元素浓度的增高而减小。

为了消除电离作用的影响，一方面可适当降低火焰温度，另一方面应加入较大量的易电离元素，如碱金属钾、钠、铯等，加入的物质称为消电离剂。这些易电离元素在火焰中强烈电离从而减少了被测元素的电离概率。

4. 光谱干扰及其消除

原子吸收分析法使用了发射单一元素光谱的锐线光源，所以光谱干扰不严重。在原子吸收中的光谱干扰主要是指下列三方面：光谱的重叠干扰、火焰发射光谱干扰、背景干扰。

① 光谱的重叠干扰指当共存元素的吸收线波长与分析元素共振发射线的波长很接近时，两条谱线重合或部分重叠，原子吸收分析结果便不正确。若两谱线的波长差为 $0.03nm$ 时，则认为重叠干扰是严重的。光谱重叠干扰很容易克服，当怀疑或已知有可能产生干扰共存元素时，只要另选分析线即可解决问题。

② 火焰发射光谱干扰。火焰发射是一种直流信号，在近代仪器中使用调制光源和同步

表 4-3　用于抑制干扰的试剂

试　剂	类　型	防止干扰种类	分析元素
1%Cs 溶液	消电离剂	碱金属	K、Na、Rb
1%Na 溶液	消电离剂	碱金属	K、Rb、Cs
1%K 溶液	消电离剂	碱金属	Cs、Na、Rb
La	释放剂	Al、Si、PO_4^{3-}、SO_4^{2-}	Mg、Ca
Sr	释放剂	Al、Se、PO_4^{3-}、SO_4^{2-}、Be、NO_3^-、F、Fe	Mg、Ca
Mg	释放剂	Al、Si、PO_4^{3-}、SO_4^{2-}	Ca
Ca	释放剂	Al、PO_4^{3-}、F	Mg、Sr
$Mg+HClO_4$	释放剂	Al、Si、P、SO_4^{2-}	Ca
$Sr+HClO_4$	释放剂	Al、B、P	Ca、Mg、Ba
La	释放剂	Al、P、Si、PO_4^{3-}、SO_4^{2-}	Cr、Mg
Fe	释放剂	Si	Cu、Zn
NH_4Cl	保护剂	Al	Na、Cr
NH_4Cl	保护剂	Sr、Ba、Ca、PO_4^{3-}、SO_4^{2-}	Mo
NH_4Cl	保护剂	Fe、Mo、W、Mn	Cr
乙二醇	保护剂	PO_4^{3-}	Ca
氟化物	保护剂	Al	Be
甘露醇	保护剂	PO_4^{3-}	Ca
葡萄醇	保护剂	PO_4^{3-}	Ca、Sr
水杨酸	保护剂	Al	Ca
乙酰丙酮	保护剂	Al	Ca
EDTA	配合剂	PO_4^{3-}、SO_4^{2-}、F^-	Pb
EDTA	配合剂	SO_4^{2-}、Al	Mg、Ca
8-羟基喹啉	配合剂	Al	Mg、Ca
$K_2S_2O_7$	配合剂	Al、Fe、Ti	Cr
Na_2SO_4	配合剂	可抑制 16 种元素的干扰	Cr
$Na_2SO_4+CuSO_4$	配合剂	可抑制 Mg 等十几种元素的干扰	

检波放大来消除火焰和石墨炉的发射光谱的干扰。

③ 背景干扰。背景干扰主要是由于分子吸收、光散射和火焰气体吸收等造成的。分子吸收是指在原子化过程中生成的气体、氧化物及溶液中盐类和无机酸等分子对光辐射的吸收而产生的干扰，使吸收值增高。

背景干扰消除的方法常用的有：用连续光源氘灯自动消除背景；用塞曼效应自动消除背景；用与吸收线邻近的一条非吸收线来消除背景；用不含待测元素的基体溶液来校正背景吸收等。

三、测定条件的选择

1. 分析线的选择

原子吸收强度正比于谱线振子强度与处于基态的原子数。因而从灵敏度的观点出发，通常选择元素的共振谱线作分析线。这样可以使测定具有高的灵敏度。但是共振线不一定是最灵敏的吸收线，如过渡元素 Al，又如 As、Se、Hg 等元素的共振吸收线位于远紫外区（波长小于 200nm），背景吸收强烈，这时就不宜选择这些元素的共振线作分析线。当测定浓度较高的样品时，有时宁愿选取灵敏度较低的谱线，以便得到适度的吸光度值，改善标准曲线的线性范围。

2. 狭缝宽度与光谱通带的选择

在原子吸收光谱中，谱线重叠的概率是较小的。因此，在测量时允许使用较宽的狭缝，这样可以提高信噪比和测定的稳定性。决定狭缝的宽度的一般原则是在不减小吸光度值的条件下，尽可能使用较宽的狭缝。无邻近干扰线（如测碱及碱土金属）时，选较大的通带，反之（如测过渡及稀土金属），宜选较小通带。

光谱通带又称单色器通带，是指出射狭缝所包含的波长范围。

$$光谱通带(nm)＝狭缝宽度(mm)×倒线色散率(nm/mm)$$

倒线色散率常用于表示单色器的色散能力，它的定义是：在单色器焦面上 1mm 的光谱中所包含的以 nm 为单位的波长数。倒线色散率数值越小，单色器的色散能力越大。

3. 空心阴极灯电流的选择

空心阴极灯的发射特性取决于工作电流。一般商品空心阴极灯均标有允许使用的最大工作电流和正常使用的电流。在实际工作中，通常是通过测定吸收值随灯工作电流的变化来选定适宜的工作电流。选择灯工作电流的原则是在保证稳定和合适光强输出的条件下，尽量选用低的工作电流。对高熔点的镍、钴、钛等空心阴极灯，工作电流可以调大些；对低熔点易溅射的铋、钾、钠、铯等空心阴极灯，使用工作电流小些为宜。灯电流过小时，光强不足，影响精密度，灯电流过大，灵敏度下降，灯寿命缩短。若空心阴极灯有时呈现背景连续光谱，则使用较高的工作电流是有利的，可以得到较高的谱线强度和背景强度比。空心阴极灯上都标明了最大工作电流，对大多数元素，日常分析的工作电流建议采用额定电流的 $40\%\sim60\%$，因为这样的工作电流范围可以保证输出稳定且强度合适的锐线光。

空心阴极灯需要经过预热才能达到稳定的输出，预热时间一般为 $10\sim20min$。

4. 原子化条件的选择

（1）火焰原子吸收法条件的选择

① 火焰的选择

火焰种类：空气-乙炔火焰，2600K；乙炔-氧化亚氮（笑气）火焰，3300K；空气-丙烷（煤气）火焰，2200K；最常用的是乙炔-空气焰，能对 35 种以上元素测定，本书除特指外均属空气-乙炔火焰。

火焰类型：根据火焰燃气与助燃气比例（空气-乙炔）可分为以下几种。

a. 化学计量火焰。又称中性火焰，这种火焰的燃气及助燃气，基本上是按照它们之间的化学反应式提供的。对空气-乙炔火焰，空气与乙炔之比约为 4：1。火焰是蓝色透明的，具有温度高，干扰少，背景发射低及稳定性好等的特点。火焰中半分解产物比贫燃火焰高，但还原气氛不突出，对火焰中不特别易形成单氧化物的元素，除碱金属外，采用化学计量火焰进行分析为好。适用于多数元素的测定。

b. 贫燃火焰。当燃气与助燃气之比小于化学反应所需量时，就产生贫燃火焰。其空气与乙炔之比为 4：1 至 6：1。火焰清晰，呈淡蓝色。由于大量冷的助燃气带走火焰中的热量，所以温度较低。由于燃烧充分，火焰中半分解产物少，还原性气氛低，不利于较难离解元素的原子化，不能用于易生成单氧化物元素的分析。但温度低对易离解元素的测定有利。如 Ag、Cu、Fe、Co、Ni、Mg、Zn、Cd、Mn 等元素。

c. 富燃火焰。燃气与助燃气之比大于化学反应量时，就产生富燃火焰。其燃助比大于1：3，由于燃烧不充分，半分解物浓度大，具有较强的还原气氛。温度略低于化学计量火焰，中间薄层区域比较大，对易形成单氧化物难离解元素的测定有利，如 Ca、Sr、Ba、Cr、Mo 等元素。但火焰发射和火焰吸收及背景较强，干扰较多，不如化学计量火焰稳定。

按测定元素性质选定火焰种类。不同类型的火焰所产生的火焰温度差别较大，对于难离解化合物的元素，应选择温度较高的乙炔-空气火焰或乙炔-氧化亚氮火焰。对于易电离的元素，如 K、Na 等宜选择低温的丙烷-空气火焰。

② 助燃气压强的调节。一般是在 0.15～0.20MPa/cm² 之间调定。调定了助燃气的流量，对于特定的雾化器，其吸液量及雾化效率等因素也就固定。在测定过程中，一般不再变动助燃气的流量。

③ 选定燃气流量。调定火焰的状态。选择时可用标准溶液吸喷，并改变燃气流量（改变流量时要重新调零）。再根据吸收值-流量变化情况，选用具有最大吸收值的流量范围中最小的流量。

④ 燃烧器高度的选择。燃烧器的高度也直接影响测定的灵敏度、稳定性和干扰程度在火焰中，自由原子的空间分布是不均匀的。因此，应该吸喷标准溶液，调节火焰燃烧器的高度，选取最大吸收值的燃烧高度，从而获得最高的灵敏度。

⑤ 进样量的选择。进样量过小，吸收信号弱，不便于测量；进样量过大，在火焰原子化法中，对火焰产生冷却效应，在石墨炉原子化法中，会增加除残的困难。在实际工作中，应测定吸光度随进样量的变化，达到最满意的吸光度的进样量，即为应选择的进样量。

（2）石墨炉原子吸收法条件的选择

原子化程序要经过干燥、灰化、原子化、除残四阶段，各阶段的温度及持续时间要通过实验选择。石墨炉原子化条件的选择按下述步骤进行。

① 光源、波长、狭缝宽度的选择基本上与火焰法相同。

② 仪器光路应对光，以获得最大的吸收值。

③ 选择惰性气体及流量。

④ 选择适宜的石墨管的类型。

⑤ 选择干燥温度与时间。

⑥ 选择灰化温度与时间。

⑦ 选择原子化温度与时间。

⑧ 选择清洗温度与时间。

第九节　灵敏度与检出限

一、灵敏度与特征浓度

灵敏度：1975 年，国际纯粹和应用化学联合会（IUPAC）建议把校正曲线的斜率 S 称为灵敏度，指在一定浓度时，当被测元素浓度或含量改变一个单位时，吸光度的变化量。S 越大，灵敏度越高。其数学表达式为：

$$\text{浓度型 } S_c = \Delta A/\Delta c \qquad\qquad (4\text{-}13)$$

$$\text{质量型 } S_m = \Delta A/\Delta m \qquad\qquad (4\text{-}14)$$

1. 特征浓度

火焰原子吸收法中，常用产生 1% 吸收或 0.0044 吸光度时所对应的被测元素的溶液浓度（$\mu g/mL$）来表示分析的灵敏度，称为特征浓度（c_c）或特征（相对）灵敏度。特征浓度的测定方法是配制一待测元素的标准溶液（其浓度要在线性范围内），调节仪器的最佳条件，测定标准溶液的吸光度。然后按式(4-15)计算：

$$c_c = \frac{0.0044\rho_s}{A} \quad (\mu g/mL/1\%) \tag{4-15}$$

式中，c_c 为特征浓度，$\mu g/mL/1\%$；ρ_s 为试液浓度，$\mu g/mL$；A 为试液的吸光度；0.0044 为 1％时的吸光度。

2. 特征质量

在石墨炉原子吸收法中，用特征质量 m_c 表示绝对灵敏度。产生 1％净吸收的待测元素质量 g 或 g/1％。m_c 越小元素测定的灵敏度越高。

$$m_c = \frac{\rho_s V \times 0.0044}{A} \tag{4-16}$$

式中，m_c 为特征质量，g/1％；ρ_s 为质量浓度，g/mL；V 为试液进样体积，mL；A 为试液的吸光度；0.0044 为 1％时的吸光度。

m_c 越小元素测定的灵敏度越高，灵敏度除了与被测元素的性质有关外，还与仪器的性能、实验条件有关。

二、检出限

检出限指产生一个能够保证在试样中存在某元素的分析信号所需要的该元素的最小含量。用空白溶液或接近空白的标准溶液进行至少 10 次连续测定所得吸光度的标准偏差的 3 倍时所相应的质量浓度或质量分数求得。检出限比特征浓度更有明确的意义。检出限以 $D.L$ 表示，按式(4-17) 计算：

$$D.L = \frac{c \times 3\sigma}{\overline{A}} \quad (\mu g/mL) \tag{4-17}$$

式中，c 为试液浓度，$\mu g/mL$；$\overline{A}$ 为吸光度平均值；

$$\sigma = \sqrt{\frac{\sum\limits_{i=1}^{n}(A_i - \overline{A})^2}{n-1}} \tag{4-18}$$

式中，σ 为空白溶液吸光度的标准偏差，对空白溶液至少连续测定 10 次，从所得吸光度值来求标准偏差。

三、检出限与灵敏度间的关系

"灵敏度"和"检测限"是衡量分析方法和仪器性能的重要指标，"检测限"考虑了噪声的影响，其意义比灵敏度更明确。同一元素在不同仪器上有时"灵敏度"相同，但由于两台仪器的噪声水平不同，检测限可相差一个数量级以上。因此，降低噪声，如将仪器预热及选择合适的空心阴极灯的工作电流、光电倍增管的工作电压等，有利于改进"检测限"。

第十节 原子吸收光谱法的应用

原子吸收光谱法具有灵敏度高、干扰小、操作方便等特点。因此，它应用广泛，可测定 70 多种元素。

一、各族元素

1. 碱金属

测定碱金属（K、Na、Li、Rb、Cs）灵敏度和精密度都很高，且干扰效应较小，尤其是 K、Na、Li 三种元素。

2. 碱土金属

测定碱土金属元素（Be、Mg、Ca、Sr、Ba）的最大优点是——专属性好（干扰很少），这些元素的混合物能容易地用原子吸收法测定。

Mg 的分析灵敏度特别高，是本法测定最灵敏的元素之一。

3. 有色金属

测定有色金属元素（Cu、Pb、Zn、Cd、Hg、Sn 等）Bi、Ti 吸收专属性很高，完全没有元素之间的相互干扰，共振线都在紫外区。

4. 黑色金属

测定黑色金属元素（Fe、Co、Ni、Mn、Mo、Cr）其共同特点：光谱复杂（有很多谱线，尤其是 Fe、Co、Ni）。因此，应使用高强度空心阴极灯和窄的光谱通带。

5. 贵金属

测定贵金属元素（Au、Ag、Pt、Rh、Ru、Os、Ir）灵敏度高（贫燃焰）。

二、生物样品

人体中含有三十几种金属元素，如：K、Na、Mg、Ca、Cr、Mo、Fe、Pb、Co、Ni、Cu、Zn、Cd、Mn、Se 等，其中大部分为痕量，可用原子吸收分光光度法测定。

如：头发中微量元素锌的火焰原子化测定

取枕部距发根 1cm 的发样约 200mg→洗涤剂水液浸约 0.5h→自来水水冲洗→去离子水冲洗→烘干→准确称量 20mg→石英消化管中→$HClO_4$：$HNO_3 = 1:5$，1mL→消化后用 0.5% HNO_3 定容→测定 A。

三、环境样品

空气、水、土壤等样品中各种有害微量元素的检测如：水中的 Pb、Zn、Cd 等测定。

第十一节　原子荧光分析法

一、概述

原子荧光光谱分析法是 20 世纪 60 年代中期以后发展起来的一种新的痕量分析方法。原子荧光光谱法（AFS）是通过测量待测元素的原子蒸气在特定频率辐射能激发下所产生的荧光强度来定量分析的方法。属发射光谱但所用仪器与原子吸收仪器相近。

1. 原子荧光光谱法特点

（1）检出限低、灵敏度高。

Cd：10^{-12} g/cm³；Zn：10^{-11} g/cm³；20 种元素优于 AAS。

（2）谱线简单、干扰小。

（3）线性范围宽（可达 3～5 个数量级）。

（4）易实现多元素同时测定（产生的荧光向各个方向发射）。

2. 缺点

存在荧光淬灭效应、散射光干扰等问题。

二、基本原理

1. 原子荧光光谱的产生

气态自由原子吸收光源的特征辐射后，原子的外层电子跃迁到较高能级，然后又跃迁返回基态或较低能级，同时发射出与原激发波长相同或不同的发射即为原子荧光。原子荧光是光致发光，也是二次发光。当激发光源停止照射之后，再发射过程立即停止。原子荧光有如下特点：

① 属光致发光；二次发光；

② 激发光源停止后，荧光立即消失；

③ 发射的荧光强度与照射的光强有关；

④ 不同元素的荧光波长不同；

⑤ 浓度很低时，强度与蒸气中该元素的密度成正比。

2. 原子荧光的类型

原子荧光可分共振荧光、直跃线荧光、阶跃线荧光、反斯托克斯荧光与敏化荧光5种类型。图 4-22 为原子荧光产生的过程。

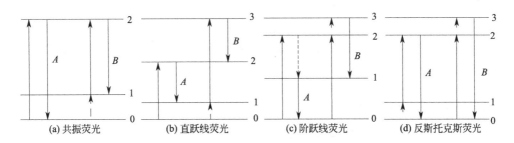

图 4-22 原子荧光产生的过程示意

A 起源于基态的共振荧光（a）；起源于基态（b）；正常阶跃线荧光（c）；起源于亚稳态（d）

B 热助共振荧光（a）；起源于亚稳态（b）；热助阶跃荧光（c）；起源于基态（d）

3. 量子效率与荧光猝灭

受激发原子与其他原子碰撞，能量以热或其他非荧光发射方式给出，使荧光减弱或完全不发生的现象。这种现象称为荧光猝灭。许多元素在烃类火焰中要比用氩稀释的氢-氧火焰中荧光猝灭大得多，因此原子荧光光谱法，尽量不用烃类火焰，而用氩稀释的氢-氧火焰代替。为了衡量原子在吸收光能后究竟有多少转变为荧光，提出了量子效率（Φ），其定义为：

$$\Phi = \frac{\Phi_f}{\Phi_a} \tag{4-19}$$

式中，Φ 为量子效率；Φ_f 为单位时间发射荧光的光量子数；Φ_a 为单位时间吸收的光量子数之比；荧光量子效率小于1。

三、原子荧光定量分析及其主要影响因素

1. 原子荧光定量分析基本关系式

当光源强度稳定、辐射光平行、自吸可忽略，发射荧光的强度 I_f 正比于基态原子对特定频率吸收光的吸收强度 I_A。

$$I_f = \Phi I_A \tag{4-20}$$

在理想情况下：

$$I_f = \Phi I_0 A K_0 l N = K c \tag{4-21}$$

式中，I_0 为原子化火焰单位面积接受到的光源强度；A 为受光照射在检测器中观察到的有效面积；K_0 为峰值吸收系数；l 为吸收光程；N 为单位体积内的基态原子数。

可采用标准曲线法进行定量分析，制作 I_f-c 标准曲线，用内插法求出元素的含量。上述式(4-21)线性关系只有低浓度时成立，当浓度较高时，I_f 与 c 的关系为曲线关系。因此原

子荧光光谱法是一种微量元素分析方法。

2. 荧光测定中的干扰

（1）荧光猝灭

受激原子与其他粒子碰撞以无辐射跃迁损失能量，导致荧光效率降低，可用减少溶液中其他干扰粒子的浓度来避免。

（2）自吸干扰

待测元素浓度过高时，基态原子密度过大，产生自吸现象，I_f 与 c 不成线性关系。

（3）光散射干扰

固体微粒引起光散射干扰，减少散射颗粒，或扣除散射背景光。

四、原子荧光光谱仪

1. 原子荧光光谱仪的基本组成

原子荧光分光光度计的主要部件：激发光源，原子化器，分光系统，检测系统，光源与检出信号的电源同步调制系统五部分。仪器的基本结构与原子吸收分光光度计相似。

（1）激发光源

可用连续光源或锐线光源。常用的连续光源是氙弧灯，常用的锐线光源是高强度空心阴极灯、无极放电灯、激光等。连续光源稳定，操作简便，寿命长，能用于多元素同时分析，但检出限较差。锐线光源辐射强度高，稳定，可得到更好的检出限。

（2）原子化器

原子荧光分析仪对原子化器的要求与原子吸收光谱仪基本相同。一个理想的适用于AFS法的原子化器必须具有下列特点：①具有高的原子化效率，并且在光路中原子有较长的寿命；②没有物理或化学干扰；③在测量波长处没有或具有较低的背景发射；④稳定性好；⑤为获得最大的荧光量子效率，不应含有高浓度的猝灭剂。

虽然AFS仪中采用的原子化器有火焰、电热及固体样品原子化器，但最近几年，利用氢化物法的原子化器已逐步应用于AFS仪中。它是一个电加热的石英管，当$NaBH_4$与酸性溶液反应生成氢气并被氩气带入石英炉时，氢气将被点燃并形成氩氢焰。这种原子化器不需要氢气瓶，经济实用，氩气流量可降低至 $1.0\sim1.5L/min$ 范围内。

（3）分光系统

分光系统的作用是充分利用激发光源的能量和接收有用的荧光信号，减少和除去杂散光。色散系统对分辨能力要求不高，但要求有较大的集光本领，常用的色散元件是光栅。非色散型仪器的滤光器用来分离分析线和邻近谱线，降低背景。非色散型仪器的优点是照明立体角大，光谱通带宽，集光本领大，荧光信号强度大，仪器结构简单，操作方便。缺点是散射光的影响大。

（4）检测系统

常用的是光电倍增管，在多元素原子荧光分析仪中，也用光导摄像管、析像管做检测器。检测器与激发光束成直角配置，以避免激发光源对检测原子荧光信号的影响。

2. 仪器类型

原子荧光分析仪分非色散型原子荧光分析仪与色散型原子荧光分析仪。这两类仪器的结构基本相似，差别在于单色器部分。图4-23为原子荧光光度计示意图。

五、原子荧光分析法的应用

原子荧光光谱分析法具有很高的灵敏度，校正曲线的线性范围宽，能进行多元素同时测

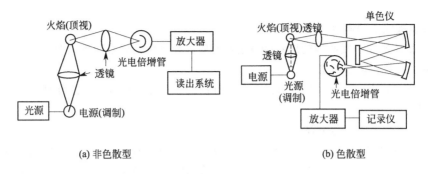

　　(a) 非色散型　　　　　　　　　　　　　　　　　　(b) 色散型

图 4-23　原子荧光光度计示意

定。这些优点使得它在冶金、地质、石油、农业、生物医学、地球化学、材料科学、环境科学等各个领域内获得了相当广泛的应用。

本 章 小 结

一、基本概念

1. 原子发射光谱法原理

根据待测物质的气态原子被激发时所发射的特征线状光谱的波长及其强度来测定物质的元素组成和含量的一种分析技术。

2. 原子发射光谱的产生

由于当原子受到外界能量（给出方式可以是热能、电能、光能等）的作用时，原子可获得能量，成为激发态原子。处于激发态的原子或离子是十分不稳定的，大约经过 $10^{-9} \sim 10^{-8}$ s，便跃迁回到基态或其他较低的能级。在这个过程中将以辐射的形式释放出多余的能量而产生发射光谱。

3. 明确如下问题

①原子光谱是线光谱；②同一种元素有许多条发射谱线；③根据谱线的波长或频率可以进行定性分析；④根据谱线的强度可以进行定量分析。

4. 理解下列概念

激发电位、电离电位（电离能）、共振线、原子线、离子线等。

5. 影响谱线强度的因素

激发电位、跃迁概率、统计权重、激发温度、基态原子数。

6. 谱线的自吸与自蚀

自吸是原子在高温发射某一波长的辐射，被处在边缘低温状态的同种原子所吸收的现象。当元素浓度达到一定值时，谱线中心完全吸收，如同出现两条谱线，这种现象称为自蚀。

7. 原子发射光谱仪主要组成

仪器一般由激发光源，分光系统（光谱仪）和观测系统（检测器）三部分组成。

8. 发射光谱定性定量方法

定性分析的方法有：标准试样光谱比较法和元素标准光谱图比较法。光谱半定量分析方法有：谱线黑度比较法和谱线呈现法。光谱定量分析的基本关系式就是赛伯-罗马金公式。

9. 原子吸收分光光度法原理

原子吸收光谱分析法是基于原子蒸气对同种元素特征谱线的共振吸收作用来进行定量分

析的方法。

10. 峰值吸收必须满足以下条件

①发射线轮廓小于吸收线轮廓；②发射线与吸收线频率的中心频率重合。

11. 原子吸收光谱分析法

定量关系式：$A=Kc$，常用的方法有：标准曲线法和标准加入法、浓度直读法、双标准比较法、内标法等。

12. 原子吸收的干扰与消除

干扰效应主要有：电离干扰、物理干扰、光学干扰及非吸收线干扰（背景干扰）、化学干扰等。消除方法有：加入缓冲剂、保护剂、消电离剂、配位剂等；采用标准加入法和改变仪器条件（如分辨率、狭缝宽度）或背景扣除等。

13. 原子吸收分光光度计主要组成

激发光源、原子化器、分光系统和检测系统。

14. 原子荧光光谱基本原理

原子荧光光谱法是通过测量待测元素的原子蒸气在辐射能激发下产生的荧光发射强度，来确定待测元素含量的方法。

15. 原子荧光光谱定量分析

定量分析关系式：$I_f=\Phi I_0 AK_0 lN=Kc$

16. 量子效率：$\Phi=\dfrac{\Phi_f}{\Phi_a}$

17. 原子荧光光谱仪的基本组成

原子荧光分光光度计的主要部件：激发光源，原子化系统，分光系统，检测系统，光源与检出信号的电源同步调制系统五部分。

二、原子发射、原子吸收、原子荧光三者的区别与联系

相似之处——产生光谱的对象都是原子。

不同之处——AAS 是基于"基态原子"选择性吸收光辐射能（$h\nu$），并使该光辐射强度降低而产生的光谱（共振吸收线）。

AES 是基态原子受到热、电或光能的作用，原子从基态跃迁至激发态，然后再返回到基态时所产生的光谱（共振发射线和非共振发射线）。

AFS 气态原子吸收光源的特征辐射后，原子外层电子跃迁到激发态，然后返回到基态或较低能态，同时发射出与原子激发波长相同或不同的辐射即为原子荧光，是光致二次发光。AFS 本质上仍是发射光谱。

大多数 AFS 分析的元素，AAS 都很难做，所以有人称 AFS 为 AAS 的好朋友，AAS 的补充。

原子吸收光谱法主要用于无机金属元素的定量分析；原子发射光谱法主要用于无机金属元素的定性或半定量分析；原子荧光光谱法一般主要用于测 As、Sb、Bi、Se、Te、Hg 等元素定量分析。

思考题与习题

一、简答题

1. 原子发射光谱是怎样产生的？为什么各种元素的原子都有其特征的谱线？

2. 简述 ICP 光源的工作原理及其优点？

3. 原子发射光谱仪的主要部件可分为几个部分？各部件的作用如何？

4. 影响原子发射光谱的谱线强度的因素是什么？产生谱线自吸及自蚀的原因是什么？

5. 原子荧光是怎样产生的？有几种类型？

6. 原子吸收光谱法定量分析的基本关系式是什么？原子吸收的测量为什么要用锐线光源？

7. 火焰原子化法的燃气、助燃气比例及火焰高度对被测元素有何影响？试举例说明。

8. 原子吸收光谱法中的非光谱干扰有哪些？如何消除这些干扰？

9. 什么是荧光强度猝灭和荧光量子效率？

10. 简述原子荧光光谱仪的基本组成部分。

二、选择题

1. 原子发射光谱的产生是由_____。

　　A. 原子的次外层电子在不同能态间跃迁

　　B. 原子的外层电子在不同能态间跃迁

　　C. 原子外层电子的振动和转动

　　D. 原子核的振动

2. 在原子发射光谱分析法中，选择激发电位相近的分析线对是为了_____。

　　A. 减少基体效应　　　　　　　　B. 提高激发几串

　　C. 消除弧温的影响　　　　　　　D. 降低光谱背景

3. 原子发射光谱分析法可进行_____分析。

　　A. 定性、半定量和定量　　　　　B. 高含量

　　C. 结构　　　　　　　　　　　　D. 能量

4. 在原子吸收光谱分析中，加入消电离剂可以抑制电离干扰。一般来说，消电离剂的电离电位_____。

　　A. 比待测元素高　　　　　　　　B. 比待测元素低

　　C. 与待测元素相近　　　　　　　D. 与待测元素相同

5. 非火焰原子吸收法的主要优点为_____。

　　A. 谱线干扰小　　　　B. 背景低　　　　C. 稳定性好　　　　D. 试样用量少

6. 空心阴极灯的操作参数是_____。

　　A. 阴极材料的纯度　　B. 阳极材料的纯度　　C. 正负电极之间的电压　　D. 灯电流

7. 选择不同的火焰类型主要是根据_____。

　　A. 分析线波长　　　　B. 灯电流大小　　　　C. 狭缝宽度　　　　D. 待测元素性质

8. 富燃焰是助燃比_____化学计量的火焰。

　　A. 大于　　　　　　　B. 小于　　　　　　　C. 等于　　　　　　D. 不确定

9. 使原子吸收谱线变宽的因素较多，其中_____是主要因素。

　　A. 压力变宽　　　　　B. 劳伦兹变宽　　　　C. 温度变宽　　　　D. 多普勒变宽

10. 原子吸收分光光度计的核心部分是_____。

　　A. 光源　　　　　　　B. 原子化器　　　　　C. 分光系统　　　　D. 检测系统

三、填空题

1. 光谱定量分析的基本关系式是_____。式中 A 表示_____，b 表示_____，当 $b=1$ 时表示_____，当 $b<1$ 时表示_____，b 愈小于 1 时，表示_____。

2. 根据玻耳兹曼分布定律，基态原子数远大于激发态原子数，所以发射光谱法比原子吸收法受_____的影响要大，这就是原子吸收法比发射光谱法_____较好的原因。

3. 澳大利亚物理学家瓦尔什提出用_____吸收来代替_____吸收，从而解决测量吸收的困难。

4. 空心阴极灯发射的光谱，主要是_____的光谱，光强度随着_____的增大而增大。

5. Mn 共振线是 403.3073nm，若在 Mn 试样中含有 Ga，那么用原子吸收法测 Mn 时，Ga 的共振线 403.2982nm 将会有干扰，这种干扰属于_____干扰，可采用_____的方法加以消除。

6. 在原子吸收光谱线变宽的因素中，多普勒变宽是由于_____；洛伦兹变宽是由于_____所引起的。

7. 原子吸收光谱分析法与发射光谱分析法，其共同点都是利用原子光谱，但二者在本质上有区别，前者利用的是_____现象，而后者利用的是_____现象。

四、计算题

1. 用原子吸收光谱测定水样中 Co 的浓度。分别吸取水样 10.0mL 于 50mL 容量瓶中，然后向各容量瓶中加入不同体积的 6.00μg/mL Co 标准溶液，并稀释至刻度，在同样条件下测定吸光度，由下表数据用作图法求得水样中 Co 的浓度。

溶液数	水样体积/mL	Co 标液体积/mL	稀释最后体积/mL	吸光度
1	0	0	50.0	0.042
2	10.0	0	50.0	0.201
3	10.0	10.0	50.0	0.292
4	10.0	20.0	50.0	0.378
5	10.0	30.0	50.0	0.467
6	10.0	40.0	50.0	0.554

2. A、B 两个仪器分析厂生产的原子吸收分光光度计，对浓度为 0.2μg/g 的镁标准溶液进行测定，吸光度分别为 0.042、0.056。试问哪一个厂生产的原子吸收分光光度计对 Mg 特征浓度低。

3. 0.050μg/mL 的 Ni 标准溶液，在石墨炉原子化器的原子吸收分光光度计上，每次以 5μg 与去离子水交替连续测定 10 次，测定的吸光度如下表所示。求该原子吸收分光光度计对 Ni 的检出限。

测定次数	1	2	3	4	5	6	7	8	9	10
吸光度	0.165	0.170	0.166	0.165	0.168	0.167	0.168	0.166	0.170	0.167

4. 测定血浆试样中锂的含量，取 4 份 0.500mL 血浆试样分别加入 5.00mL 水中，然后分别加入 0.050mol/L LiCl 标准溶液 0.0，10.0μL，20.0μL，30.0μL，摇匀，在 670.8nm 处测得吸光度依次为 0.201，0.414，0.622，0.835。计算此血浆中锂的含量，以 μg/L 为单位。

实训 4-1 原子发射光谱定性分析

一、实训目的

① 学会摄谱仪的使用方法。

② 掌握发射光谱定性分析方法之基本操作。

二、测定原理

每一种元素因其原子结构不同，受激发后都可以产生自己的特征光谱，每一种元素的特征光谱通常包含有很多谱线，谱线的强度各不相同。一个试样如含有若干种元素，谱线上就有这若干种元素的特征光谱，特征光谱的条数多少与各元素含量高低有关。当某元素含量降低时，其光谱中的弱线相继消失，而不被检出。最后消失的几条谱线叫"灵敏线"定性分析一般只需找出某元素的灵敏线（一般为 2～3 条）即可确定该元素的存在。辨认谱片上的谱线是哪种元素的常用方法是铁光谱比较法。

铁光谱比较法：在同一感光板上并列地摄取样品光谱和铁光谱，将所得谱片放在铁谱图上标有各元素灵敏谱线相应的位置。根据试样谱线和元素光谱图上的元素灵敏谱线相重合的情况，就可直接判定有关谱线的波长及所代表的元素。

三、仪器与试剂

1. 仪器

摄谱仪（NCJI-28 型摄谱仪）；光源（岛津万能光源）；映谱仪；电极（光谱纯石墨电极）；纯铁电极；停表；玻璃刀；切板架；感光板（天津Ⅱ型）。

2. 试剂

显影液；定影液。

四、测定步骤

1. 准备电极

纯铁电极：用砂轮磨去氧化层，并磨成圆锥形，电极头表面要光滑对称。石墨电极：上电极圆锥形，下电极有孔（孔深 4～6mm）。

2. 装样品

样品装入电极孔内，注意样品装满压紧。

3. 装干板

将干板、暗盒、玻璃刀、切板架一起带到暗室。打开暗盒，开红灯关白灯，取出干板乳剂面向下，放于切板架上，裁成与暗盒相等的尺寸，乳剂面向下放进暗盒里盖好，开白灯。

4. 摄谱

（1）将暗盒装于摄谱仪上，拉出暗盒挡板。

（2）铁电极装电极架上，开对光灯调上、下极位置。

（3）调狭缝 5μm，遮光板 5mm，板移 50，光阑推到｜258｜处的 2 上，接通 220V、110V 电源，接下黑色电键"START"，调电流 3A，燃弧，开快门同时按停秒，曝光 5s，停止燃弧。

（4）换为石墨电极，板移不变，推光阑至｜3｜电流 3A 燃弧。曝光 20s，调大电流为 10A，光阑推至｜4｜继续曝光 40s，接下红色电键停止燃弧。

5. 换新的石墨电极

其他条件不变。推光阑至｜6｜和｜7｜，在低电流和高电流下重复对该样品摄谱。

6. 暗室操作

在红灯下从暗盒中取出摄好谱的干板，乳剂面向上放入 18～20℃的显影液中，显影 2.5min。定影 2min。半定影 8min，取出用水充分冲洗晾干。

7. 识谱（铁光谱比较法）

（1）谱片置于映谱仪置片台上，按如下要求做好记录：

项　目	电流	曝光/s	光阑	板移
铁光谱	3A	5	2	50
样品（一次）	3A	20	3	50
样品（一次）	10A	40	4	50
铁光谱	3A	5	5	50
样品（二次）	3A	20	6	50
样品（二次）	10A	40	7	50
铁光谱	3A	5	8	50

（2）接通映谱仪电源。

（3）调整物镜使谱片谱线像清晰。

（4）使用谱线图（共 13 张），将图中的铁谱线与铁谱片上铁谱线相重合。如果样品中欲测元素的谱线与谱线图中已标明的某元素谱线出现的位置相重合，则该元素可能存在。从谱线表中知该元素这一谱线没有另外元素谱线干扰。可确认该元素存在于样品中。否则，应进行下列步骤。

（5）继续查找该元素的其他灵敏线和特征谱线组是否出现，一般有两条以上的灵敏线出现才能确认该元素存在。

（6）了解该元素灵敏线可能干扰的情况。从谱线表中查出可能干扰的元素。在这些元素中首先排除掉那些在工作的光源条件下不可能被激发的元素和由于样品的特点不可能存在的元素。

（7）其余可能干扰的元素，应逐个检查它们的灵敏线，如某元素的灵敏线光谱中没有，则认为不存在这个元素的干扰。如在光谱中有其灵敏线，可能是分析元素谱线上叠加干扰元素的谱线。在这种情况下，进行下一步骤，以期得出肯定判断。

（8）在该线附近再找出一条干扰元素的谱线（与原干扰强度相同或稍强一些）进行比较，如该分析元素灵敏线黑度大于或等于找出的干扰元素谱线的黑度，则可判定分析元素存在。例：样品中含铁量高时。则锆 3438·23A 被铁 3438·31A（强度 10）所重叠，可与铁 3437·95A（强度 15）的黑度比较，如锆 3438·23A 的黑度大于或等于铁 3437·95A 时可确定锆的存在，又如钼 3170·347A 与铁 3170·346A 重叠时，可用铁 3171·663A 的黑度比较，确定钼是否存在。

附录 1

1. 哈特曼光阑（Hartmann）

由金属片制成，置干狭缝前导槽内。光阑移动时，光阑上的不同方孔截取狭缝的上下不同部位。因而能使摄得的光谱落在感光板的不同位置上。由于狭缝的位置没变。而只是光阑对其不同高度的截取。则所得该组光谱的谱线位置固定不变。便于定性查找。

2. 暗室处理

感光板上的乳剂经曝光后，要经过显影，定影、水洗和干燥等过程，才能获得一张可见的谱片。

3. 显影液配方

水（35～45℃）	700mL
米吐尔（对位硫酸甲基氨基苯酚）	1g
无水亚硫酸钠（化学纯）	36g
海德路（对苯二酚）	5g
无水碳酸钠（化学纯）	2g
溴化钾（化学纯）	1g
加水稀释至	1000mL

（上述溶液过滤后，储于棕色瓶）

4. 定影液配方

水（35～40℃）	600mL
海波（硫代硫酸钠、化学纯）	240g
无水亚硫酸钠（化学纯）	15g
冰醋酸	15mL
硼酸	7.5g
钾明矾	15g

加水至 1000mL

（过滤后使用）

5. 显影注意事项

① 在暗红灯下进行，温度控制在 20℃。

② 乳剂面向上，显影液充分浸没干板乳剂。

③ 显影过程中要轻轻摇动显影盘，要避免局部浓度不均匀。

④ 显影液不要长时间放置空气中，用完后小心倒回瓶中。

6. 定影注意事项

① 乳剂面向上；

② 在 20℃±4℃的范围内进行；

③ 定影至乳剂透明，再延长一倍的时间，我们规定 8min；

④ 定影液用后倒回瓶内，不可久置盘中。

7. 水洗和干燥注意事项

① 要充分冲洗，把乳剂面上的定影液全部洗去，一般 1.0～15min。

② 水流不可过急，也不可直冲感光板表面，以免冲坏乳剂。

③ 水洗后的干板放于谱片架上自然干燥，也可用吹风机吹干（用冷风吹）。

实训 4-2　ICP 光谱法测定饮用水总硅

一、实训目的

① 学习顺序扫描光谱仪操作。

② 掌握用单元素测定程序测定微量元素。

③ 学习 ICP 光谱分析线的选择和扣除光谱背景的方法。

④ 学习获取扫描光谱图。

二、测定原理

ICP 光谱分析具有灵敏度高，操作简便及精度高的特点。其中心通道温度高达 4000～6000K，可以使容易形成难熔氧化物的元素原子化和激发。本实验所测定的元素硅就属于用火焰光源难测定的元素。

三、仪器与试剂

1. 仪器

顺序扫描型等离子体光谱仪。

2. 试剂

钢瓶装纯氩；标准硅储备液（1mg/mL）；去离子水。

四、测定步骤

（1）用 1mg/mL 的标准硅储备液稀释配成 10μg/mL 的标准溶液。稀释用重蒸二次水。

（2）启动等离子体光谱仪，用汞灯进行波长校正，点燃等离子体，预燃 20min。

（3）获得扫描光谱图（用扫描程序），扫描窗 0.5nm，积分时间 0.15s。共扫描 4 条硅谱线，它们分别是 Si288.159nm，Si251.611nm，Si250.690nm 及 Si211.412nm。读出其峰值强度，在谱线两侧选择适宜的扣除背景波长，并读出光谱背景强度。

（4）用单元素分析程序进行标准化，喷雾进样高标准溶液（10μg/mL）及低标准溶液

（本实验用二次去离子水）。绘制标准曲线，记下截距和斜率。积分时间 1s。

（5）进饮用水试样进行样品测定，平行测定 5 次，记录测定值及精密度。

（6）熄灭等离子体，关计算机及主机电源。

五、注意事项

（1）为了节约工作氩气，准备工作全部完成后再点燃等离子体。

（2）应先熄灭等离子体光源再关冷却氩气，否则，将烧毁石英矩管。

（3）硅酸盐离子在酸性溶液中易形成不溶性的硅酸或胶体悬浮于水中。如果出现这种情况，将堵塞进样系统的雾化器，故用于测定硅的饮用水试样不要酸化及放置时间过长。

（4）测试完毕后，进样系统用去离子水清洗 5min 后，再关机，以免试样沉积在雾化器和石英矩管。

（5）先降高压，熄灭等离子体，再关冷却气。

六、数据记录与处理

（1）记录下列仪器参数：仪器类型、ICP 发生器功率、等离子体焰炬观测高度、载气、冷却气、辅助气流量、试样提升量（进样量）、分析线波长、积分时间、扣背景波长。

（2）计算 Si288.159nm，Si251.611nm，Si250.690nm 及 Si212.412nm 这 4 条硅的谱线背景比，最后选用谱线强度及谱线背景比均高的 Si 线作为分析线，并记下该线的扣除光谱背景波长。

（3）绘制标准曲线，求出样品中的硅浓度。

（4）计算平行测定 5 次的精密度。

七、思考题

（1）为什么本实验用两点标准化绘制标准曲线？

（2）本实验为什么不用内标元素？

实训 4-3　火焰原子吸收分光光度法测定条件的选择

一、实训目的

① 掌握原子吸收分光光度计的使用方法。

② 学习最佳测定条件的优选试验方法。

二、测定原理

在火焰原子吸收法中，分析方法的灵敏度、准确度、干扰情况和分析过程是否简便快速等，除与所用仪器有关外，在很大程度上取决于实验条件。因此最佳实验条件的选择是个重要的问题。本实验以测定镁的实验条件优选为例，分别对灯电流、狭缝宽度、燃烧器高度等因素进行优化选择。在条件优选时可以进行单个因素的选择，即先将其他因素固定在一水平上，逐一改变所研究因素的条件，然后测定某一标准溶液的吸光度，选取吸光度大且稳定性好的条件作该因素的最佳工作条件。

三、仪器与试剂

1. 仪器

AA320 型原子吸收分光光度计（或其他型号）；镁空心阴极灯；空气压缩机；乙炔钢瓶；烧杯（100mL，1 个）；容量瓶（100mL，3 个）；移液管（5mL，1 支）；移液管（10mL，1 支）；吸量管（1 支）。

2. 试剂

镁储备液：准确称取于 800℃ 灼烧至恒重的氧化镁（G. R.）1.6583g，滴加 1mol/L HCl 至完全溶解，移入 1000mL 容量瓶中，稀释至标线，摇匀。此溶液镁的质量浓度为 1.000mg/mL。

四、测定步骤

1. 配制镁标准溶液

① 配制 $\rho(Mg)＝0.1000mg/mL$ 镁标准溶液：移取 10mL $\rho(Mg)＝1.000mg/mL$ 镁储备液于 100mL 容量瓶中，用蒸馏水稀释至标线，摇匀。

② 配制 $\rho(Mg)＝0.00500mg/mL$ 镁标准溶液：移取 5mL $\rho(Mg)＝0.1000mg/mL$ 镁标准溶液于 100mL 容量瓶中，用蒸馏水稀释至标线，摇匀。

③ 配制 $\rho(Mg)＝0.300\mu g/mL$ 镁标准溶液：移取 6mL $\rho(Mg)＝0.00500mg/mL$ 镁标准溶液于 100mL 容量瓶中，稀释至标线，摇匀。

2. 开机、点火并将仪器调试到正常工作状态

① 检查仪器部件和气路是否连接正确，将仪器面板上所有开关置关断位置，仪器面板上各调节器均处于最小位置。

② 安装镁空心阴极灯，开启仪器电源开关，打开灯架旁的灯电源乒乓开关，调节灯电流钮，使灯电流毫安表指示到所需的灯电流（本实验用 8mA），预热镁空心阴极灯 30min，使灯的发射强度达到稳定。调整灯位置。

③ 拉开燃烧室右壁上的两块挡光板，使光束通过燃烧室。将方式选择开关置"调整"位置，选择合适波长（本实验使用 285.2nm）狭缝（置"2"位置），调节"增益"钮，使能量表指针指在表的正中位置（约 2.6V）。

④ 调整灯位置，进行光源对光。

⑤ 用波长手调轮仔细调节波长，使能量表上指示达最大值。

⑥ 调节燃烧器的位置，进行燃烧器对光。

⑦ 打开通风机电源开关，通风 10min 后，点燃空气-乙炔火焰，调节空气-乙炔流量比，例（乙炔流量为 0.6～0.8L/min，空气流量 5.5L/min）。切记：点火时，先开空气，后开乙炔气！

3. 最佳实验条件选择

初步固定镁的工作条件为：

吸收线波长 λ/nm：285.2；空心阴极灯灯电流 I/mA：8；狭缝宽度："2"档；乙炔流量 0.8L/min。

① 选择分析线：根据对试样分析灵敏度的要求和干扰情况，选择合适的分析线。试液浓度低时，选最灵敏线；试液浓度高时选次灵敏线，并要选择没有干扰的谱线。

② 选择空心阴极灯工作电流：吸喷 $0.300\mu g/mL$ 镁标准溶液，固定其他实验条件，改变灯电流（从 5mA 开始，每次增加 0.5mA），以不同灯电流测定镁标准溶液的吸光度并记录相应的灯电流和吸光度。

注意：每次测定后都应该用去离子水为空白液喷雾，重新调节吸光度"零"点。

③ 选择燃助比：固定其他实验条件和助燃气流量，改变乙炔流量，喷入镁标准溶液，记录相应的乙炔流量和吸光度。

注意：改变流量后，都要用去离子水调节吸光度"零"点。

④ 选择燃烧器高度：吸喷镁标准溶液，改变燃烧器高度，逐一记录相应的燃烧器高度

和吸光度。

⑤ 狭缝宽度选择：在以上最佳燃助比及燃烧器高度条件下，使用不同狭缝宽度测定镁标准溶液的吸光度并记录之。

4. 实验结束工作

① 实验结束，吸喷去离子水 5min 后，关闭乙炔钢瓶总阀，熄灭火焰，待压力表指针回零后旋松减压阀，关闭空气压缩机。待仪器压力表和流量计回零时，关闭仪器气路电源总开关，关闭助燃气电开关，关闭乙炔气电开关。

② 关闭灯电流开关，总电源开关，将仪器上各旋钮转至零位，使仪器复原。

③ 清理实验台面，填写仪器使用登记卡。

五、注意事项

（1）为了确保安全，使用燃气、助燃气应严格按操作规程进行。如果在实验过程中突然停电，应立即关闭燃气，然后将空气压缩机及主机上所有开关和旋钮都恢复至操作前状态。操作过程中，若嗅到乙炔气味，则可能气路管道或接头漏气，应立即仔细检查。

（2）每次分析工作后，都应该让火焰继续点燃并吸喷去离子水 3～5min 清洗原子化器。定期检查废液收集容器的液面，及时倒出过多的废液，但又要保证足够的水封。

（3）为了保证分析结果有良好的重现性，应该注意燃烧器缝隙的清洁、光滑。发现火焰不整齐，中间出现锯齿状分裂时，说明缝隙内已有杂质堵塞，此时应该仔细进行清理。清理方法是：待仪器关机，燃烧器冷却以后，取下燃烧器，用洗衣粉溶液刷洗缝隙，然后用水冲，清除沉积物。

六、数据记录与处理

（1）绘制吸光度-灯电流曲线，选出最佳灯电流。

（2）绘制吸光度-燃气流量曲线，选出合适燃助比。

（3）绘制吸光度-燃烧器高度曲线，选出燃烧器最佳高度。

（4）绘制吸光度-狭缝宽度曲线，选出最佳狭缝宽度。

实训4-4 原子吸收分光光度计的检出限和精密度的检定

一、实训目的

① 学习火焰原子化法的检出限和精密度的检定方法。

② 进一步熟练仪器的操作。

二、测定原理

根据 IUPAC 规定，检出限定义为：能够给出 3 倍于标准偏差的吸光度时，所对应的待测元素的浓度或质量。检出限取决于仪器稳定性，并随样品基体的类型和溶剂的种类不同而变化。信号的波动来源于光源，火焰及检测器噪声，因而不同类型仪器的检测器其检出限可能相差很大。两种不同元素可能有相同的灵敏度，但由于每种元素光源噪声、火焰噪声及检测器等噪声不同，检出限就可能不一样。因此，检出限是仪器性能的一个重要指标。待测元素的存在量只有高出检出限，才能可靠地将有效分析信号与噪声信号分开。"未检出"就是待测元素的量低于检出限。

三、仪器与试剂

1. 仪器

原子吸收分光光度计；铜空心阴极灯；乙炔钢瓶；容量瓶；移液管。

2. 试剂

质量浓度为 $0.5\mu g/mL$、$1.00\mu g/mL$、$3.00\mu g/mL$ 的铜标准溶液；$0.5mol/L$ HNO_3 溶液。

四、测定步骤

1. 检定火焰法测定铜的检出限

① 开机，点燃空气-乙炔焰，将仪器的各项参数调到最佳工作状态。

② 用空白溶液（$0.5mol/L$ HNO_3）调零。

③ 分别测定浓度为 $0.5\mu g/mL$、$1.00\mu g/mL$、$3.00\mu g/mL$ 的铜标准溶液的吸光度，平行测定三次。

④ 取三次测定的平均值，用线性回归法求出工作曲线的斜率，即为仪器测定铜的灵敏度 S。

⑤ 将标尺扩展 10 倍，在相同条件下，对空白溶液（或浓度 3 倍于检出限的溶液）进行 11 次吸光度测量，并求出其标准偏差 σ。

⑥ 根据灵敏度和标准偏差计算测定铜的检出限。

2. 检定火焰原子化法测铜的精密度

① 选择浓度为 $0.5\mu g/mL$、$1.00\mu g/mL$、$3.00\mu g/mL$ 的铜标准溶液中的一种（使吸光度为 0.1～0.3 范围），在①实验条件下，进行 7 次测定。

② 计算相对偏差（RSD）。

五、数据记录与处理

1. 火焰法测定铜的检出限

按下式计算：

$$D.L = \frac{c \times 3\sigma}{\overline{A}} \ (\mu g/mL)$$

式中，$\overline{A}$ 为试液的平均吸光度值；c 为试液的浓度；σ 为空白溶液吸光度的标准偏差。

$$\sigma = \sqrt{\frac{\sum_{i=1}^{n}(A_i - \overline{A})^2}{n-1}}$$

式中，$\overline{A}$ 为空白溶液 n 次的平均吸光度值；A_i 为单次测定的标准吸光度值；σ 为空白溶液吸光度的标准偏差。

2. 火焰法测定铜的精密度

按下式计算：

$$RSD = \frac{\sigma}{A} \times 100\%$$

式中，A 为铜标准溶液所测 7 次吸光度的平均值；σ 为铜标准溶液吸光度的标准偏差；RSD 为精密度，%。

实训 4-5　工作曲线法测定水中镁含量

一、实训目的

① 能用工作曲线法分析实际样品。

② 熟练进行原子吸收光谱法操作条件的选择。

③ 熟练操作原子吸收分光光度计。

二、测定原理

镁离子溶液雾化成气溶胶后进入火焰，在火焰温度下气溶胶中的镁变成原子蒸气，由光源镁空心阴极灯辐射出波长为 285.2nm 的镁特征谱线，被镁原子蒸气吸收。在恒定的实验条件下，吸光度与溶液中镁离子浓度符合比尔定律 $A=Kc$。

利用吸光度与浓度的关系，用不同浓度的镁离子标准溶液分别测定其吸光度，绘制标准曲线。在同样的条件下测定水样的吸光度，从标准曲线上即可求出水样中镁的浓度，进而可计算出自来水中镁的含量。

自来水中除了镁离子外，还有铝、硫酸盐、磷酸盐及硅酸盐等，它们能抑制镁的原子化，产生干扰，使得测定结果偏低。加入锶离子作释放剂，可以获得正确的结果。

三、仪器与试剂

1. 仪器

AA-100 原子吸收分光光度计、镁元素空心阴极灯、空气压缩机。

2. 试剂

除特殊规定外，本方法所用试剂均为分析纯，试验用水为去离子水；

盐酸（优级纯），盐酸（1∶1），1mol/L 盐酸溶液，体积分数为 1% 的盐酸溶液。

10mg/mL 锶溶液：称取 30.40g $SrCl \cdot H_2O$ 溶于水中，再用水稀释至 1L。

镁标准储备液（1000μg/mL）：准确称取纯金属镁 0.2500g 于 100mL 烧杯中，盖上表面皿，滴加 5mL 1mol/L 盐酸溶液溶解，然后把溶液转移到 250mL 容量瓶中，用体积分数为 1% 的盐酸溶液稀释至刻度，摇匀。

镁标准使用液（10.0μg/mL）：准确吸取 1.00mL 上述镁标准储备液于 100mL 容量瓶中，用水稀释至刻度，摇匀。

四、测定步骤

1. 仪器操作条件的选择

移取镁标准使用溶液 4.0mL 于 100mL 容量瓶中，加入锶溶液 4.0mL，用水稀释至刻度，摇匀。此溶液作为仪器操作条件选择的试验溶液，进行以下操作条件的选择。

① 燃气和助燃气比例的选择：测定前先调好空气的压力和流量，使雾化器处于最佳状态。固定空气流量，改变乙炔流量，用去离子水作参比调零，进行上述镁溶液吸光度的测量。从实验结果中选择出稳定性好且吸光度较大的乙炔流量条件。

② 燃烧器高度的选择：在选定的空气-乙炔的压力和流量条件下，改变燃烧器高度，以去离子水为参比调零，测定上述镁离子溶液的吸光度。从实验结果中选择出稳定性好且吸光度较大时燃烧器高度，作为测定的燃烧器高度条件。

2. 释放剂锶溶液加入量的选择

吸取自来水 5mL 6 份，分别置于 6 只 50mL 容量瓶中，每瓶中加盐酸（1∶1）2mL，再分别加入锶溶液 0、1mL、2mL、3mL、4mL、5mL，用去离子水稀释至刻度，摇匀。在选定的仪器操作条件下，每次以去离子水为参比调零，测定各瓶试样的吸光度，作出吸光度-锶溶液加入量的关系曲线，由所作的曲线，在吸光度较大且吸光度变化很小的范围内确定最佳锶溶液加入量。

3. 标准曲线的绘制

准确吸取 0.00、1.00mL、2.00mL、3.00mL、4.00mL、5.00mL 的 10.00μg/mL 镁标准使用液，分别置于 6 只 50mL 容量瓶中，每瓶加入锶溶液（其加量由步骤 2 确定）。在选定的仪器操作条件下，每次以去离子水为参比调零，测定相应的吸光度。以镁含量为横坐标，吸光度为纵坐标，绘制标准曲线。

4. 自来水水样中镁的测定

准确吸取 5mL 自来水水样于 50mL 容量瓶中，加入最佳量的锶溶液，用去离子水稀释至刻度，摇匀。用选定的操作条件，以去离子水为参比调零，测定其吸光度，再由标准曲线查出水样中镁的含量，并计算自来水中镁的含量。

5. 回收率的测定

准确吸取已测得镁含量的自来水水样 5mL 于 50mL 容量瓶中，加入已知量的镁标准溶液（总的镁量应落在标准曲线的线性范围以内），再加入最佳量的锶溶液，用水稀释至刻度，摇匀。按以上操作条件，用去离子水调零，测定其吸光度，并由标准曲线查出镁的含量。由下式计算出回收率：

$$回收率 = \frac{测得总镁量 - 水样中含镁量}{加入的镁量} \times 100\%$$

五、数据记录与处理

$$\rho(\text{Mg}) = \frac{A \times V}{V_{水}}$$

式中，$\rho(\text{Mg})$ 为自来水中镁的含量，mg/L；A 为由标准曲线查出样品溶液中镁的含量，μg/mL；$V_{水}$ 为自来水样品的体积，mL；V 为样品定容的体积，mL。

六、讨论

(1) 用火焰原子吸收分析法测定时，试样溶液在火焰中经过一系列什么变化来达到测定的目的？

(2) 每一种元素都有若干条波长各不相同的分析线，在实验中根据什么来选择？

实训 4-6　原子荧光法测定生活饮用水中砷

一、实训目的

① 学会原子荧光光度法测定中标准曲线的绘制和试样测定方法。

② 了解原子荧光光度计的性能、结构及使用方法。

二、测定原理

在盐酸介质中，以硼氢化钾作还原剂，使 As 生成砷化氢，以氩气作为载气，将砷化氢气体导入石英炉原子化器中，进行原子化，以砷特种空心阴极灯作激发光源，砷原子受光辐射激发产生电子跃迁，当激发态的电子返回基态时，即发出荧光，荧光强度在一定的范围内与砷的含量成正比。

三、仪器与试剂

1. 仪器

XGY-1011A 原子荧光光谱仪，配砷特种空心阴极灯。

2. 试剂

盐酸溶液：1+1

硫脲（50g/L）-抗坏血酸（50g/L）混合溶液：称取硫脲 $[(NH_2)_2CS]$ 5g、抗坏血酸（$C_6H_8O_6$）5g 溶于纯水中，稀释至 100mL，混匀，用时现配。

硼氢化钾溶液：7g/L。称取 2g 氢氧化钾溶于 200mL 纯水中，加入 7g 硼氢化钾并溶解，用纯水稀释至 1000mL，用时现配。

砷标准储备溶液：0.100mg/mL。称取经过 105℃ 干燥 2h 的三氧化二砷（优级纯）0.1320g 于 50mL 烧杯中，加 10mL 氢氧化钠溶液（40g/L）使之溶解，加 10ml 盐酸溶液（1+1），转入 1000mL 容量瓶中定容，摇匀。

砷标准使用溶液：（0.100μg/mL）。吸取砷标准储备溶液 5.00mL 于 500mL 容量瓶中，以纯水定容，摇匀，此溶液 1mL 含 1.00μg 砷。吸取此溶液 10.00mL 于 100mL 容量瓶中，以纯水定容，摇匀，此溶液 1.00mL 含有 0.10μg 砷。

四、测定步骤

（1）样品处理：吸取 20mL 水样于 25mL 比色管中，加盐酸（1+1）和硫脲-抗坏血酸溶液各 2.5mL，摇匀，放置 10min。

（2）开启仪器，调好仪器工作条件，见下表。

原子荧光分析仪工作条件

项　　目	条　　件	项　　目	条　　件
砷特种空心阴极灯电流/mA	50m	氩气流量/(mL/min)	700
日盲光电倍增管负高压/V	250~260	硼氢化钾溶液流速/(mL/s)	0.6~0.7
原子化器温度/℃	200	硼氢化钾溶液加液时间/s	7
氩气压力/MPa	0.02		

（3）标准曲线的制作：分别吸取砷标准使用溶液 0.00、1.00mL、2.00mL、3.00mL、4.00mL、5.00mL 于一系列 25mL 的比色管中，加盐酸（1+1）和硫脲-抗坏血酸溶液各 2.5mL，以纯水稀释至 25mL，摇匀，放置 10min，吸取 2mL 试液于氢化物发生器中，盖好磨口塞，通入氩气，用加液器以恒定流速注入一定量的硼氢化钾溶液，此时反应生成的砷化氢由氩气载入石英炉中进行原子化。

以比色管中砷含量（μg）为横坐标，荧光强度为纵坐标绘制工作曲线。

（4）吸取 2mL 样品试液于氢化物发生器中，盖好磨口塞，通入氩气，用加液器以恒定流速注入一定量的硼氢化钾溶液，此时反应生成的砷化氢由氩气载入石英炉中进行原子化。

五、数据记录与处理

$$\rho(\text{As}) = \frac{m}{V}$$

式中，$\rho(\text{As})$ 为水样中砷的质量浓度，mg/L；m 为从标准曲线上查得的比色管中砷的含量，μg；V 为水样体积，mL。

六、思考题

（1）简述原子荧光法的基本原理？

（2）你知道的砷的测定方法有哪些？

第五章　电位分析法

第一节　电位分析法基本原理

电位分析法是电化学分析方法之一，是利用电极电位与溶液中待测离子活度（或浓度）的关系进行定量分析的分析方法。电位分析法包括直接电位法和电位滴定法两类。直接电位法是通过测量电池电动势来确定被测离子活度（或浓度）的方法，电位滴定法是通过测量滴定过程中电池电动势的变化来确定滴定终点的滴定分析方法。

电位分析法主要测量的参数是电极电位，并根据能斯特方程式测定被测离子的活度（或浓度）。

由于电位分析法测定过程中得到的是较大的电位信号（毫伏级），因而易于实现自动化、连续化和遥控测定，尤其适用于生产过程的在线分析。

一、电位分析的理论依据

将金属片 M 插入含有该金属离子 M^{n+} 的溶液中，此时金属 M 上产生电极电位，其电极半反应为：

$$M^{n+} + ne \rightleftharpoons M$$

电极电位 $\varphi_{M^{n+}/M}$ 与 M^{n+} 活度的关系，可用能斯特（Nernst）方程式表示：

$$\varphi_{M^{n+}/M} = \varphi_{M^{n+}/M}^{\ominus} + \frac{RT}{nF} \ln a_{M^{n+}} \tag{5-1}$$

式中，$\varphi_{M^{n+}/M}^{\ominus}$ 为标准电极电位，V；R 为气体常数，8.3145J/(mol·K)；T 为热力学温度，K；n 为电极反应中转移的电子数；F 为法拉第（Faraday）常数，96486.7C/mol；$a_{M^{n+}}$ 为金属离子 M^{n+} 的活度，mol/L。

温度为 25℃ 时，用常用对数代替自然对数，将 R、F、T 数值代入方程。能斯特方程式可以简化成式(5-2)：

$$\varphi_{M^{n+}/M} = \varphi_{M^{n+}/M}^{\ominus} + \frac{0.0592}{n} \lg a_{M^{n+}} \tag{5-2}$$

由能斯特方程式可知，如果测量出电极电位 $\varphi_{M^{n+}/M}$，就能测定出 M^{n+} 的活度。

单一的某支电极的电极电位是无法测出的。在实际电位分析测定系统中，可用一支电极电位随待测离子活度变化而变化的电极（指示电极）和一支电极电位已知且恒定的电极（参比电极）与待测溶液组成工作电池，通过测量工作电池的电动势来获得指示电极的电极电位 $\varphi_{M^{n+}/M}$。

工作电池的电池电动势 E 为：

$$E = \varphi_{(+)} - \varphi_{(-)} + \varphi_{(L)}$$

式中，$\varphi_{(+)}$ 为电位较高的正极的电极电位；$\varphi_{(-)}$ 为电位较低的负极的电极电位；$\varphi_{(L)}$ 为液体接界电位。

$\varphi_{(L)}$ 在两种组成不同或组成相同浓度不同的溶液接触界面上，由于溶液中正负离子迁移速度不同，破坏了溶液接触界面上的电荷平衡形成双电层，产生一个电位差，称为液体接界电位。电位分析系统中，$\varphi_{(L)}$ 产生在甘汞电极盐桥与试液接触面上。$\varphi_{(L)}$ 值一般在 30mV 以下，但其影响不能忽视。提高甘汞电极内参比溶液（KCl）的浓度、恒定试液温度可以降低和稳定 $\varphi_{(L)}$。

如果以甘汞电极作正极，指示电极作负极，则

$$E=\varphi_{参比}-\varphi_{M^{n+}/M}+\varphi_{(L)}=\varphi_{参比}+\varphi_{(L)}-\varphi^{\ominus}_{M^{n+}/M}-\frac{0.0592}{n}\lg a_{M^{n+}} \tag{5-3}$$

式（5-3）中 $\varphi_{参比}$、$\varphi_{(L)}$ 在一定条件下可视为常数，即

$$E=K-\frac{0.0592}{n}\lg a_{M^{n+}} \tag{5-4}$$

因此，只要测量出电池电动势，就可以测定出待测离子 M^{n+} 的活度，这就是直接电位法定量分析的依据。

如果用标准滴定溶液滴定 M^{n+}，在滴定过程中，电极电位 $\varphi^{\ominus}_{M^{n+}/M}$ 将随着溶液中的 $a_{M^{n+}}$ 的变化而变化，电动势 E 也随之变化。当滴定进行至化学计量点附近时，由于 $a_{M^{n+}}$ 发生突跃，因而电池电动势 E 也相应发生突跃，据此可以确定滴定的终点，这就是电位滴定法的基本原理。

二、参比电极和指示电极

（一）参比电极

在电位分析中电位已知且恒定，用来提供电位标准的电极称为参比电极。对参比电极的要求如下所述。

① 电极的电位值已知且恒定。

② 受外界影响小，对温度或浓度变化没有滞后现象。

③ 具有良好的重现性和稳定性。

电位分析法中最常用的参比电极是甘汞电极（尤其是饱和甘汞电极 SCE）和银-氯化银电极。

1. 甘汞电极

（1）电极结构

甘汞电极由 Hg_2Cl_2-Hg 混合物、汞和 KCl 溶液组成。其结构如图 5-1 所示。

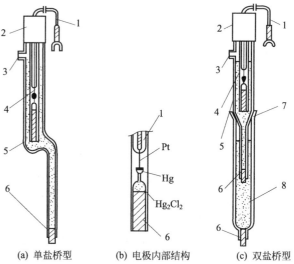

（a）单盐桥型　（b）电极内部结构　（c）双盐桥型

图 5-1　甘汞电极结构

1—导线；2—绝缘帽；3—加液口；4—内电极；
5—饱和 KCl 溶液；6—多孔性物质；7—可卸
盐桥磨口套管；8—盐桥内充液

甘汞电极的电极反应为：

$$Hg_2Cl_2+2e \Longrightarrow 2Hg+2Cl^-$$

（2）甘汞电极的电极电位

25℃时电极电位为：

$$\varphi_{Hg_2Cl_2/Hg}=\varphi^{\ominus}_{Hg_2Cl_2/Hg}-\frac{0.0592}{2}\lg a^2_{Cl^-}$$

$$=\varphi^{\ominus}_{Hg_2Cl_2/Hg}-0.0592\lg a_{Cl^-} \tag{5-5}$$

即，在一定温度下，甘汞电极的电位取决于 KCl 溶液中 Cl^- 的活度，当 Cl^- 活度一定时，其电位值是一定的。表 5-1 给出了灌装不同浓度 KCl 溶液的甘汞电极的电位值。

表 5-1　25℃时甘汞电极的电极电位

名　　称	KCl 溶液浓度/(mol/L)	电极电位/V
饱和甘汞电极(SCE)	饱和溶液	0.2438
标准甘汞电极(NCE)	1.0	0.2828
0.1mol/L 甘汞电极	0.10	0.3365

由于 KCl 溶液中的 Cl^- 活度随温度而变化，所以甘汞电极的电极电位与温度有关。因此，只要灌装的 KCl 溶液浓度、温度一定，其电位值就保持恒定。

（3）使用饱和甘汞电极需要注意问题：

① 使用前须取下电极下端和侧端加液口的橡胶帽，用毕戴好。

② 电极内饱和 KCl 溶液的液位应能衔接内电极，不足时要补加。

③ 使用前应检查玻璃弯管处及 KCl 晶体中是否有气泡，若有气泡应及时排除，否则将引起电路断路（表现为仪器读数不稳定），致使无法测定数据。

④ 使用前要检查电极下端陶瓷芯（盐桥）毛细管是否畅通。检查方法是：先将电极外部擦干，然后用滤纸紧贴瓷芯下端片刻，若滤纸上出现湿印，则证明盐桥通畅。如已堵塞，可以将电极陶瓷芯浸入去离子水中浸泡，直至畅通为止。

⑤ 安装电极时，内参比溶液的液面应高于试液的液面，以防试液向电极内渗透。

⑥ 饱和甘汞电极在温度改变时会出现温度滞后效应，因此不宜在温度变化太大的环境中使用。饱和甘汞电极在 80℃ 以上时电位值不稳定。如果需要在高温条件下使用参比电极，选用银-氯化银电极较好。

⑦ 当测定 Ag^+、Cl^- 时，应使用双盐桥甘汞电极。

2. 银-氯化银电极

（1）电极结构

将银丝表面覆盖一层 AgCl，浸入一定浓度的 KCl 溶液中，用盐桥与试液沟通，即构成银-氯化银电极，其结构如图 5-2 所示。

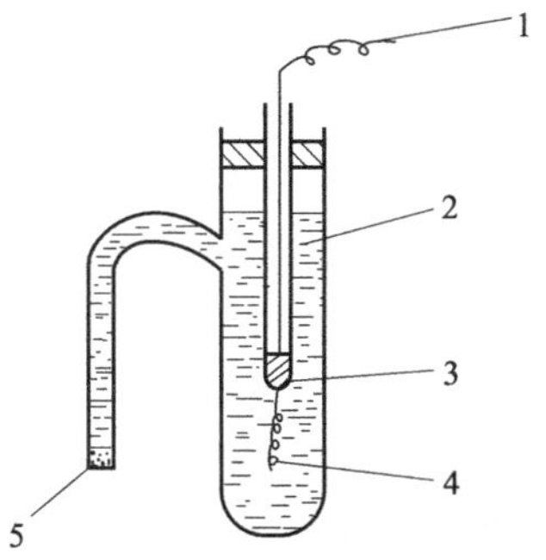

（2）银-氯化银电极的电极电位

银-氯化银电极的电极反应为：

$$AgCl + e \Longleftrightarrow Ag + Cl^-$$

银-氯化银电极 25℃ 时的电极电位为：

$$\varphi_{AgCl/Ag} = \varphi_{AgCl/Ag}^{\ominus} - 0.0592 \lg a_{Cl^-} \tag{5-6}$$

即，在一定温度下银-氯化银电极的电极电位取决于 KCl 溶液中 Cl^- 的活度。25℃ 时，灌装不同浓度 KCl 溶液的银-氯化银电极的电极电位见表 5-2 所列。

图 5-2　银-氯化银电极结构
1—导线；2—KCl 溶液；3—Hg；
4—镀 AgCl 的银丝；
5—多孔物质

表 5-2　25℃时银-氯化银电极的电极电位

名　　称	KCl 溶液的浓度/(mol/L)	电极电位/V
饱和银-氯化银电极	饱和溶液	0.2000
标准银-氯化银电极	1.0	0.2223
0.1mol/L 银-氯化银电极	0.10	0.2880

（3）银-氯化银电极的使用

① 银-氯化银电极常在各种离子选择性电极中用作内参比电极。

② 银-氯化银电极温度滞后效应很小，高温下有足够的稳定性，因此可在高温环境下替代甘汞电极。

③ 银-氯化银电极用作外参比电极时，使用前必须除去电极弯管内的气泡。内参比溶液应有足够高度，否则应添加 KCl 溶液。

（二）指示电极

电位分析中，电极电位随溶液中待测离子活（浓）度的变化而变化，从而能够指示出待测离子活（浓）度的电极称为指示电极。

常用的指示电极有金属基电极和离子选择性电极两大类。

1. 金属基电极

金属基电极是以金属为基体的电极，常用的金属基电极有以下几种。

（1）金属-金属离子电极

金属-金属离子电极又称活性金属电极，是将可发生可逆氧化还原反应的金属浸入含有该金属离子的溶液中构成。

例如，将银丝浸入含有 Ag^+ 的溶液中构成的电极，其电极反应如下。

$$Ag^+ + e \Longrightarrow Ag$$

25℃时的电极电位为：$\varphi_{Ag^+/Ag} = \varphi^{\ominus}_{Ag^+/Ag} + 0.0592 \lg a_{Ag^+}$ \hfill (5-7)

银电极的电极电位与溶液中 Ag^+ 活度的对数呈线性关系，银电极不但可用于测定 Ag^+ 的活度，而且在电位滴定分析中还可测定能够影响溶液中 Ag^+ 活度的 Cl^-、Br^-、I^- 等离子。

大多数金属电极在溶液中容易受到酸的影响、容易被氧化，很多金属电极选择性差、重线性差、使用前需要对溶液脱气。所以，除了银电极、汞电极之外，金属-金属离子电极在电位分析中使用较少。

银电极使用前应该先清理金属表面氧化层。清理方法是用细砂纸（金相砂纸）轻轻打磨金属表面，然后用蒸馏水清洗干净。

（2）汞电极

汞电极是由金属汞浸入含少量 Hg^{2+}-EDTA 配合物（预先在试液中加入少量 HgY^{2-}）及被测离子 M^{n+} 的溶液中所构成。

25℃时汞电极的电极电位为：

$$\varphi_{Hg^{2+}/Hg} = \varphi^{\ominus}_{Hg^{2+}/Hg} + \frac{0.0592}{2} \lg[Hg^{2+}]$$ \hfill (5-8)

溶液中存在如下平衡：

$$Hg^{2+} + Y^{4-} \Longrightarrow HgY^{2-}$$
$$+$$
$$M^{n+}$$
$$\Updownarrow$$
$$MY^{n-4}$$

因而有 $\qquad\qquad K_{HgY^{2-}} = \dfrac{[HgY^{2-}]}{[Hg^{2+}][Y^{4-}]}$

$$K_{MY^{n-4}} = \frac{[MY^{n-4}]}{[M^{n+}][Y^{4-}]}$$

则式(5-8)可写为：

$$\varphi_{Hg^{2+}/Hg} = \varphi_{Hg^{2+}/Hg}^{\ominus} + \frac{0.0592}{2}\lg\frac{K_{MY^{(n-4)}}[HgY^{2-}][M^{n+}]}{K_{HgY^{2-}}[MY^{n-4}]} \tag{5-9}$$

式中，$K_{MY^{n-4}}$、$K_{HgY^{2-}}$、$\varphi_{Hg^{2+}/Hg}^{\ominus}$ 均为常数，$[HgY^{2-}]$ 为平衡时 HgY^{2-} 的浓度，由于 HgY^{2-} 的稳定常数很大（$10^{21.80}$），所以 $[HgY^{2-}]$ 在滴定过程中几乎不变，可看作为常数。滴定至化学计量点附近时，$[MY^{n-4}]$ 变化很小，可以近似看做常数。因此式(5-9)可简化为：

$$\varphi_{Hg^{2+}/Hg} = K + \frac{0.0592}{2}\lg[M^{n+}] \tag{5-10}$$

由式(5-10)可见，在一定条件下，汞电极电位仅与 $[M^{n+}]$ 有关，因此可用作以 EDTA 滴定 M^{n+} 的指示电极。

（3）惰性金属电极

惰性金属电极又称零类电极。惰性金属电极是由铂、金等惰性金属浸入含有氧化还原电对（如 Fe^{3+}/Fe^{2+}，Ce^{4+}/Ce^{3+}，I_3^-/I^- 等）的溶液中构成的。惰性金属本身并不参与电极反应，仅仅起到储存和转移电子的作用。

例如铂片插入含有 Fe^{3+} 和 Fe^{2+} 的溶液中组成的电极，其电极反应为：

$$Fe^{3+} + e \rightleftharpoons Fe^{2+}$$

25℃时电极电位为：$\varphi_{Fe^{3+}/Fe^{2+}} = \varphi_{Fe^{3+}/Fe^{2+}}^{\ominus} + 0.059\lg\dfrac{a_{Fe^{3+}}}{a_{Fe^{2+}}}$ \hfill (5-11)

即，惰性金属电极的电极电位能指示出溶液中氧化还原电对氧化态和还原态离子活度之比。

铂电极使用前，应先在 $w_{HNO_3} = 10\%$ 硝酸溶液中浸泡数分钟，用蒸馏水冲洗干净后再用。

2. 离子选择性电极

离子选择性电极是由对溶液中某种特定离子具有选择性响应的敏感膜及辅助部分构成。离子选择性电极在其敏感膜上发生离子交换而形成膜电位。由于离子选择性电极具有选择性响应的敏感膜，所以又称为膜电极。

（1）离子选择性电极的分类

20 世纪 70 年代以来离子选择性电极发展迅速，离子选择性电极品种已达几十种。按照国际纯粹与应用化学联合会 IUPAC 的推荐，可分类如下：

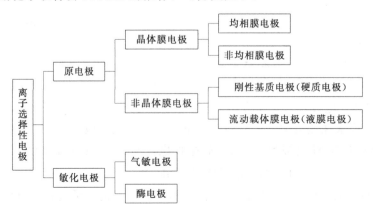

（2）离子选择性电极的基本构造

离子选择性电极通常由电极帽、电极管、内参比电极、内参比溶液和敏感膜构成。电极帽由硬塑料制成，电极管一般由玻璃或塑料制成。内参比电极为银-氯化银电极。内参比溶液一般由响应离子的强电解质溶液及氯化物溶液组成。敏感膜由不同敏感材料作成，是离子选择性电极的关键部分。敏感膜用树脂粘接或机械方法固定于电极管端部。离子选择性电极结构如图5-3所示。

（3）离子选择性电极的膜电位

将离子选择性电极浸入含有特定离子的溶液中时，特定离子在敏感膜的表面发生离子交换和扩散，由于活性膜内外两个表面接触的溶液含有特定离子活度不同，从而使膜内外表面产生电位差，这个电位差就是膜电位（$\varphi_{膜}$）。

离子选择性电极的膜电位与溶液中特定离子活度的关系符合能斯特方程，即 25℃时，有：

$$\varphi_{膜} = K \pm \frac{0.0592}{n_i}\lg a_i \tag{5-12}$$

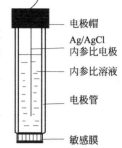

图5-3　离子选择性电极结构

式中，K 为离子选择性电极的电极系数，与电极的敏感膜、内参比电极、内参比溶液及温度等因素有关。在一定条件下为常数，但同一种离子选择性电极的每一支电极的 K 值都有可能不同。a_i 为 i 离子的活度。n_i 为 i 离子的电荷数。当 i 为阳离子时，对数项前取正值，i 为阴离子时对数项前取负值。

（4）离子选择性电极的性能指标

① 离子选择性电极的选择性。理想的离子选择性电极应只对特定的一种离子产生电位响应。但目前所使用的各种离子选择性电极对共存干扰离子会产生不同程度的响应。由于干扰离子的存在，膜电位的能斯特方程可以表达为：

$$\varphi_{膜} = K \pm \frac{0.0592}{n}\lg[a_i + K_{ij}(a_j)^{n_i/n_j}] \tag{5-13}$$

式中，i 为待测离子；j 为干扰离子；n_i、n_j 分别为 i 离子和 j 离子的电荷；K_{ij} 称为选择性系数，其定义为：在相同实验条件下，在某支电极上产生相同电位值的待测离子活度 a_i 与干扰离子活度 a_j 的比值。即

$$K_{ij} = \frac{a_i}{(a_j)^{n_i/n_j}} \tag{5-14}$$

显然，K_{ij} 越小电极的选择性越好。选择性系数 K_{ij} 随实验条件、实验方法的不同而有差异，K_{ij} 的值在手册中能查到，商品电极也都会提供经实验测出的 K_{ij} 值。

② 温度和 pH 范围。温度变化会影响溶液中离子活度，从而影响电位的测定值。此外，温度还影响电极的响应性能。各类离子选择性电极都有一定的温度使用范围（一般使用温度下限为 $-5℃$ 左右，上限为 $80\sim100℃$），与膜的类型有关。

使用离子选择性电极时，允许的 pH 范围由电极的类型和待测离子的浓度决定。大多数离子选择性电极要求在接近中性的介质条件下使用，而且有较宽的 pH 使用范围。如氯离子选择性电极适用的 pH 范围为 $2\sim11$，硝酸根电极对于 0.1mol/L NO_3^- 适用 pH 范围为 $2.5\sim10.0$，而对 $10^{-3}\text{mol/L NO}_3^-$ 适用范围为 pH 为 $3.5\sim8.5$。

③ 响应时间。电极的响应时间又称电位平衡时间，是指离子选择性电极和参比电极浸

入试液开始，到电池电动势达到稳定值（波动在 1mV 以内）所需的时间。电极的响应时间

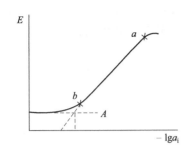

图 5-4 线性范围与检测下限

与测量溶液的浓度、试液中其他电解质的存在情况、测量的顺序（由低浓度到高浓度或者相反）及前后两份溶液之间的浓度差、溶液的搅拌速度等因素有关。所以，在实际测定中，通过搅拌溶液可以缩短响应时间。测量溶液浓度的顺序应该由低浓到高浓。如果测定高浓溶液后再测低浓溶液，则应用去离子水清洗电极数次后再测定，以恢复电极的正常响应时间。

④ 线性范围及检测下限。离子选择性电极的电位与待测离子活度的对数在一定的范围内呈线性关系，该范围称作线性范围，如图 5-4 所示。图中 a 点至 b 点直线部分相对应的活（浓）度即为线性范围。离子选择性电极的线性范围通常为 $10^{-1} \sim 10^{-6}$ mol/L。

根据国际纯粹与应用化学联合会 IUPAC 的建议，曲线两直线部分外延的交点 A 所对应的离子活（浓）度称为检测下限，如图 5-4 所示。在检测下限附近，电极电位不稳定，测量结果的重现性和准确度较差。

⑤ 电极的斜率。在离子选择性电极的电位与待测离子活度的对数呈线性的范围内，电极斜率的理论值为 $2.303RT/(nF)$。在实际测量中，电极斜率与理论值有一定的偏差，往往需要根据实际测得数据计算求得。

⑥ 电极的稳定性。电极的稳定性是指一定时间内，电极在同一溶液中的响应值（电位）的变化。电极表面的污染、密封不良、内部导线接触不良都会影响电极的稳定性。

离子选择性电极使用前经过浸泡、清洗处理，电极的性能会有所改善。

3. 几种常用的离子选择性电极

（1）pH 玻璃电极

① pH 玻璃电极的构造。pH 玻璃电极是测定溶液 pH 时使用的指示电极，其结构如图 5-5 所示。

在玻璃管的下端是由特殊成分玻璃制成的球状薄膜（膜厚约 0.1mm），它是电极的关键部分——敏感膜，膜内密封 0.1mol/L HCl 作为内参比溶液，电极内置银-氯化银内参比电极。

② 膜电位的产生机理。pH 玻璃电极的玻璃膜由 SiO_2，Na_2O 和 CaO 熔融制成。玻璃电极在使用之前，必须在水中浸泡 24h 以上，使玻璃膜表面形成一层很薄的水化层，这一过程称为玻璃电极的活化。在水化层中氢离子扩散进入玻璃结构的空隙，并与 Na^+ 发生交换，如图 5-6 所示。

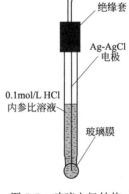

图 5-5 玻璃电极结构

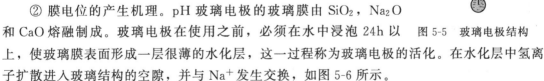

图 5-6 pH 玻璃电极离子交换示意

当玻璃电极与待测溶液接触时，膜外表面水化层中的氢离子活度与溶液中的氢离子活度不同，氢离子将向活度小的相迁移。氢离子的迁移改变了水化层和溶液相界面的电荷分布，从而改变了外相界面电位。同理，玻璃电极内膜与内参比溶液同样也产生内相界面电位。内

膜、外膜产生的电位方向相反，25℃时玻璃电极的膜电位可表达为：

$$\varphi_{膜} = \varphi_{外} - \varphi_{内} = 0.0592\lg[a_{H^+(外)}/a_{H^+(内)}] = 0.0592\lg\alpha_{外} - 0.0592\lg\alpha_{内} \qquad (5\text{-}15)$$

式中，$\varphi_{外}$ 为外膜电位，V；$\varphi_{内}$ 为内膜电位，V；$a_{H^+(外)}$ 为外部待测溶液的 H^+ 活度；$a_{H^+(内)}$ 为内参比溶液的 H^+ 活度。

在一定条件下内参比溶液的 H^+ 活度 $a_{H^+(内)}$ 恒定。即 $-0.0592\lg\alpha_{内} = K'$ 因此，25℃时玻璃电极的膜电位可表示为：

$$\varphi_{膜} = K' + 0.0592\lg a_{H^+(外)} \qquad (5\text{-}16)$$

或

$$\varphi_{膜} = K' - 0.0592pH_{外} \qquad (5\text{-}17)$$

式中 K' 由玻璃电极本身的性质决定，对于某一支确定的玻璃电极，在一定条件下其 K' 是一个常数（但是每支玻璃电极的 K' 值都有可能不同）。由式(5-17) 得出，在一定温度下，玻璃电极的膜电位与外部溶液的 pH $[$或 $\lg a_{H^+(外)}]$ 呈线性关系。

③ 不对称电位。根据式(5-15) 当玻璃膜内、外表面接触的溶液氢离子活度相同时，$\varphi_{膜}$ 应为零，但实际测量表明玻璃膜内外两侧仍存在几到几十毫伏的电位差，这是由于玻璃膜外表面被污染、擦伤、吹制玻璃膜时玻璃膜内外表面张力不同等原因造成的，称为玻璃电极的不对称电位（$\varphi_{不}$）。$\varphi_{不}$ 能完全消除，但将玻璃电极在水溶液中长时间浸泡可以降低 $\varphi_{不}$，并且可以使 $\varphi_{不}$ 稳定不变。如果 $\varphi_{不}$ 稳定不变，可以将其合并于式(5-15) 的常数 K' 中。

④ 玻璃电极的电极电位。玻璃电极内置 Ag-AgCl 内参比电极，在一定条件下其电位是恒定的。玻璃电极的电极电位是内参比电极的电极电位和膜电位之和。

25℃时：

$$\varphi_{玻璃} = \varphi_{AgCl/Ag} + \varphi_{膜} = \varphi_{AgCl/Ag} + K' - 0.0592pH_{外} \qquad (5\text{-}18)$$

$$\varphi_{玻璃} = K_{玻} - 0.0592pH_{外} = K_{玻} + 0.0592\lg\alpha_{H^+} \qquad (5\text{-}19)$$

即，当温度等测定条件一定时，pH 玻璃电极的电极电位与试液的 pH 呈线性关系。式中

$$K_{玻} = \varphi_{AgCl/Ag} + K'$$

$K_{玻}$ 称玻璃电极的电极系数，对于某一支确定的玻璃电极，在一定条件下，其 $K_{玻}$ 是一个常数，但是每支玻璃电极的 $K_{玻}$ 值都有可能不同。

⑤ pH 玻璃电极的特性和使用注意事项

a. pH 玻璃电极的特性。

（a）pH 玻璃电极不受溶液中氧化剂或还原剂的影响，能在胶体溶液和有色溶液中使用。使用温度范围一般在 5～60℃之间。

（b）玻璃电极在溶液酸性过高（pH<1）时，溶液中水合氢离子活度降低，致使测得的 pH 偏高，称为"酸差"。在溶液碱性过高（pH>10）时，由于 a_{H^+} 小，其他阳离子（尤其是 Na^+）在溶液和玻璃膜界面间参与交换而使得测得的 pH 偏低，称为"碱差"或"钠差"。现在商品 pH 玻璃电极中，231 型玻璃电极在 pH>13 时才发生较显著碱差，其测定 pH 范围是 1～13；221 型玻璃电极测定 pH 范围则为 1～10。

b. 玻璃电极使用注意事项。

（a）使用前检查玻璃电极的球泡是否有裂纹，有裂纹的玻璃电极不能再用。检查玻璃球泡内是否有气泡，如有气泡应稍晃予以除去。

（b）玻璃电极玻璃膜很薄，极易碎裂，使用时必须特别注意。商品电极有复合 pH 玻璃电极，是将玻璃电极与参比电极作成一体，电极塑料外套可将玻璃电极保护起来，玻璃膜不易受到碰撞，并且使用方便。复合 pH 玻璃电极结构如图 5-7 所示。

（c）更换试液时，先用洗瓶冲洗电极入液部分，然后将玻璃球泡上的水分用滤纸轻轻吸

去，不能擦拭。

（d）玻璃电极使用中应注意保持外水化层，使用间隙应将电极浸泡在去离子水中，球泡不应接触强脱水剂（浓 H_2SO_4 溶液、洗液或浓乙醇），也不能用于含氟较高的溶液中，否则电极将失去功能。

（e）玻璃电极在长期使用或储存中会"老化"，老化的电极响应范围大大降低。玻璃电极的使用寿命一般为 1 年。

（2）氟离子选择性电极

氟离子选择性电极的膜材料为 LaF_3 单晶（单晶膜电极），LaF_3 晶体中掺入少量的 EuF_2 和 CaF_2

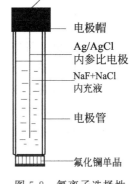

图 5-7　　　　图 5-8　氟离子选择性
电极结构

电极帽
Ag/AgCl
内参比电极
NaF+NaCl
内充液
电极管
氟化镧单晶

可以改善导电性。LaF_3 单晶膜用树脂粘接于塑料管的下端，以 Ag-AgCl 电极作为内参比电极，管内装有 0.1mol/L NaF-0.1mol/L NaCl 内参比溶液，其结构如图 5-8 所示。

当氟电极浸入含 F^- 溶液中时，F^- 离子在膜表面交换，F^- 可以进入单晶的空穴，单晶表面 F^- 离子也可进入溶液。在氟离子活度为 $10^{-1}\sim10^{-6}$ mol/L 范围内，膜电位与溶液中 F^- 离子活度的关系符合能斯特方程式。25℃时膜电位为：

$$\varphi_{膜}=K-0.0592\lg\alpha_{F^-}=K+0.0592pF^- \tag{5-20}$$

氟离子选择性电极对 F^- 有很好的选择性。当被测溶液中存在能与 F^- 生成稳定配合物或难溶化合物的阳离子（如 Al^{3+}、Ca^{2+}）时，会造成干扰，须加入掩蔽剂消除。选择掩蔽剂时切忌使用能与 La^{3+} 形成稳定配合物的配位剂，以免溶解 LaF_3 而使溶液中 F^- 浓度增加。OH^- 在电极上能够产生一定响应，为了避免 OH^- 的干扰，测定时需要控制 pH 在 5～6 之间。

（3）氯离子选择性电极

氯离子选择性电极属于多晶膜电极。多晶膜电极的电极膜是由一种难溶盐粉末或几种难溶盐的混合粉末在高压下压制而成。一般有 3 种类型，一是以单一 Ag_2S 粉末压片制成电极，用于测定 Ag^+ 或 S^{2-} 的活（浓）度；二是将 AgS_2 与另一金属硫化物（如 CuS、CdS、PbS 等）混合加工成膜，制成测定相应金属离子（如 Cu^{2+}、Cd^{2+}、Pb^{2+}）的晶体膜电极。三是由卤化银 AgX 沉淀分散在 Ag_2S 骨架中制成卤化银-硫化银电极，可用来测定 Cl^-、Br^-、I^-、CN^-、SCN^- 等。

氯离子选择性电极就是将 AgCl 分散在 Ag_2S 中制成的多晶压片膜电极。氯离子选择性电极的膜电位与溶液中 Cl^- 离子活度的关系符合能斯特方程式。25℃时膜电位为：

$$\varphi_{膜}=K-0.0592\lg\alpha_{Cl^-} \tag{5-21}$$

以硫化银为基质的电极大多以银丝直接与 Ag_2S 膜片相连，不使用内参比电极，使电极成为全固态结构。优点是电极可以在任意方向使用，且消除了压力和温度对内参比电极的影响，特别适合用于对生产过程的监测和控制。

电位分析中还有很多类型的离子选择性电极可用做指示电极，如液态膜电极、气敏电极、酶电极等，但是由于电极在线性范围、响应时间、电极稳定性等技术指标上还不理想，所以实际工作中应用较少。

第二节　直接电位法

直接电位法可应用于溶液 pH 的电位测定和溶液中离子活度（浓度）的测定。直接电位法具有应用范围广（可用于许多阳离子、阴离子、有机物离子的测定）；测定速度快、简便、灵敏，测定的离子浓度范围宽等特点，常用于溶液 pH 和一些离子浓度的测定。在生产过程控制、自动分析和环境监测方面有独到之处。

一、直接电位法测定溶液 pH

直接电位法测定溶液 pH，具有简便、快速、准确的特点，因而被广泛地应用于生产、科研、环境保护等众多领域。

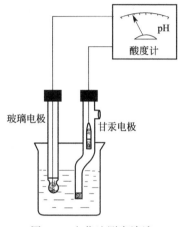

图 5-9　电位法测定溶液
pH 装置图

1. 测定原理

pH 是氢离子活度的负对数，即 $pH = -\lg\alpha_{H^+}$。测定溶液 pH 通常用 pH 玻璃电极作指示电极（负极），甘汞电极作参比电极（正极），与待测溶液组成工作电池，用酸度计测量电池的电动势，如图 5-9 所示。

25℃时工作电池的电动势为：

$$E = \varphi_{SCE} - \varphi_{玻} = \varphi_{SCE} - K_{玻} + 0.0592 pH_{试} \quad (5-22)$$

由于式中 φ_{SCE}、$K_{玻}$ 在一定条件下是常数，所以式(5-22)可表示为：

$$E = K' + 0.0592 pH_{试} \quad (5-23)$$

即，测定溶液 pH 的工作电池的电动势 E 与试液的 pH 呈线性关系，据此可以进行溶液 pH 的测定。

2. 溶液 pH 的测定方法

式(5-23) 中 K' 值包括了饱和甘汞电极的电位，内参比电极的电位，玻璃膜的不对称电位及参比电极与溶液间的液接电位，所以 K' 值不能通过理论计算求得。理论上可以分别测定一份标准缓冲溶液（pH=pH_s）的电动势 E_s 和试液的电动势 E_x，然后通过计算来确定待测溶液的 pH_x。25℃时，E_s 和 E_x 分别为：

$$E_s = K'_s + 0.0592 pH_s \quad (5-24)$$

$$E_x = K'_x + 0.0592 pH_x \quad (5-25)$$

因为测量条件相同，所以 $K'_s \approx K'_x$，将两式相减得

$$pH_x = pH_s + \frac{E_x - E_s}{0.0592} \quad (5-26)$$

式中，pH_s 为已知值，测量出 E_x、E_s 值即可求出 pH_x。

但实际测定中是采用更简便的方法：将 pH 玻璃电极和甘汞电极插入标准缓冲溶液中（pH 为 pH_s），通过调节酸度计上的"定位"旋钮使仪器显示出测量温度下的 pH_s，从而用来消除电池系统 K' 变化带来影响、达到校正仪器的目的。"定位"操作完成后再将电极浸入试液中，就可在仪器上直接读取溶液 pH。

根据 GB 9724—88 规定校正酸度计方法有"一点校正法"和"二点校正法"两种。

一点校正法的具体方法是：制备两种标准缓冲溶液，使其中一种的 pH 大于并接近试液的 pH（越接近越好，试液粗略的 pH 可以用 pH 广泛试纸测出），另一种小于并接近试液的

pH。先用其中一种标准缓冲液与电极对组成工作电池，调节温度补偿器至该溶液温度值，调节"定位"调节器，使仪器显示出标准缓冲液在该温度下的 pH，保持定位调节器不再旋动。取出电极，清洗电极，用滤纸吸干后，再浸入另一接近被测溶液 pH 的标准缓冲溶液中组成工作电池，调节温度补偿钮至该溶液的温度值，此时仪器显示的 pH 应是该缓冲液在此温度下的 pH。两次相对校正误差在不大于 0.1pH 单位时，才可进行试液的测量。

二点校正法校正步骤：将饱和甘汞电极和玻璃电极浸入 pH 接近 7 的标准缓冲溶液（如 pH=6.86，25℃）中。将功能选择按键置"pH"位置，调节"温度"调节器使所指示的温度刻度为该标准缓冲溶液的温度值。将"斜率"钮顺时针转到底。轻摇试杯，待电极达到平衡后，调节"定位"调节器，使仪器读数为该缓冲溶液在当时温度下的 pH。取出电极清洗后，用滤纸吸干，再浸入另一接近被测溶液 pH 的标准缓冲溶液中。旋动"斜率"旋钮，使仪器显示该标准缓冲液的 pH（若调不到，说明玻璃电极已经"老化"，响应范围降低，需要更换新电极）。调好后，即可进行试液的测量（"定位"和"斜率"二旋钮不可再动）。

实际测量过程中往往因为某些测定条件的改变（如试液与标准缓冲液温度的变化、pH 的变化、溶液成分的变化等），导致 K' 值发生变化。为了减少测量误差，测量过程应尽可能使标准缓冲液的温度和待测溶液的温度保持一致。"定位"操作选用的标准缓冲溶液 pH 与待测试液越接近，测定误差越小。按 GB 9724—1988 规定，所用标准缓冲液的 pH_s 和待测溶液的 pH_x 相差应在 3 个 pH 单位以内。

根据能斯特方程，电极电位与溶液 pH 之间呈线性关系，直线斜率 $s=\dfrac{2.303RT}{F}$，在 25℃时直线斜率为 0.0592。而在实际工作中，试液 pH 的测定是在不同温度下进行的，所以在测量中要进行温度补偿。用于测量溶液 pH 的酸度计设有此功能。测定溶液酸度前，应先用温度计测量溶液温度，然后调节酸度计上的温度补偿旋钮对应到相应的温度值。

3. pH 标准缓冲溶液

由于 pH 标准缓冲溶液是 pH 测定的基准，所以以缓冲溶液 pH 的准确与否，直接关系到试液 pH 测定的准确性。中国国家标准物质研究中心制定出 30～95℃水溶液的 pH 工作基准。由七种六类标准缓冲物质组成，分别是：四草酸钾、酒石酸氢钾、苯二甲酸氢钾、磷酸氢二钠-磷酸二氢钾、四硼酸钠和氢氧化钙。这些标准缓冲物质按 GB 11076—89《pH 测量用缓冲溶液制备方法》配制出的标准缓冲溶液的 pH 均匀地分布在 0～13 的 pH 范围内。标准缓冲溶液的 pH 随温度变化而改变。

表 5-3 列出了 6 类标准缓冲溶液 10～35℃时相应的 pH。

表 5-3　pH 标准缓冲溶液在 10～35℃时的 pH

试 剂	浓度 $c/(\text{mol/L})$	pH					
		10℃	15℃	20℃	25℃	30℃	35℃
四草酸钾	0.05	1.67	1.67	1.68	1.68	1.68	1.69
酒石酸氢钾	饱和	—	—	—	3.56	3.55	3.55
邻苯二甲酸氢钾	0.05	4.00	4.00	4.00	4.00	4.01	4.02
磷酸氢二钠	0.025	6.92	6.90	6.88	6.86	6.86	6.84
磷酸二氢钾	0.025						
四硼酸钠	0.01	9.33	9.28	9.23	9.18	9.14	9.11
氢氧化钙	饱和	13.01	12.82	12.64	12.46	12.29	12.13

配制标准缓冲溶液的去离子水应符合 GB 668—1992 中三级水的规格。配好的酸性或中

性 pH 标准缓冲溶液可储存在玻璃试剂瓶或聚乙烯试剂瓶中，碱性 pH 标准缓冲溶液须储存在聚乙烯试剂瓶中。硼酸盐和氢氧化钙标准缓冲溶液存放时应防止空气中 CO_2 进入。标准缓冲溶液一般可保存 2～3 个月。如发现溶液中出现浑浊、变质等现象不能再使用，应重新配制。

市场上有 pH 缓冲剂小包装商品出售，使用很方便。配制时不需要干燥和称量，直接将小塑料袋内试剂全部溶解稀释至一定体积（一般为 250mL）即可使用。

测定其他离子的活度时，也需要用一份已知离子活度的标准溶液为基准，比较电极在待测溶液和标准溶液中的电池电动势来确定待测试液的离子活度。但目前能提供用于校正 Cl^-、Na^+、Ca^{2+}、F^- 离子选择性电极用的标准活度溶液，其他离子活度标准溶液尚无标准。所以，直接电位法不能测定其他离子的活度。

二、直接电位法测定溶液中的离子浓度

绝大多数情况下，工业生产中间控制及产品质量检验分析需要测定的是试样中某种离子的浓度，而不是活度。直接电位法能够快速准确的完成溶液中无机离子的浓度测定。

1. 测定原理

离子浓度的电位法测定是将对待测离子有响应的指示电极与参比电极浸入待测溶液组成工作电池，并用离子计测量其电池电动势如图 5-10 所示。

用各种离子选择性电极与参比电极组成的测量电池的电池电动势可以表达为：

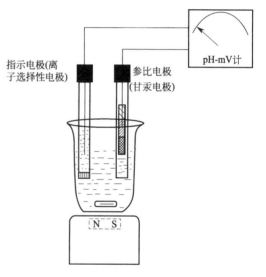

图 5-10　离子浓度的电位法测定装置

$$E = K' \pm \frac{2.303RT}{nF}\lg a_i = K' \pm \frac{2.303RT}{nF}\lg \gamma_i c_i$$

$$(5\text{-}27)$$

当离子选择性电极作正极时，测定阳离子的离子选择性电极，K' 后面一项取正值；对于测定阴离子的离子选择性电极 K' 后面一项取负值。

2. 测定方法

（1）离子选择性电极测定离子浓度的条件控制

离子选择性电极响应的是离子的活度，活度与浓度的关系是：

$$a_i = \gamma_i c_i$$

式中，γ_i 为试液中 i 离子的活度系数；c_i 为试液中 i 离子的浓度。

因此，使用直接电位法测定溶液中被测离子浓度的前提是：必须保证标准溶液和试液中 i 离子活度系数一致。由于活度系数受溶液中离子强度的影响，因此要求标准溶液和试液中的离子强度一致。达到这一要求最简便的方法是：在试液和标准溶液中加入相同的大量惰性电解质，称为离子强度调节剂。

在直接电位法测定中往往还需要控制溶液的 pH、掩蔽干扰离子。为了简化操作，事先将离子强度调节剂、pH 缓冲溶液和消除干扰的掩蔽剂混合在一起，这种混合溶液称为总离子强度调节缓冲剂，其英文缩写为"TISAB"。TISAB 起到三方面作用：①调节试液和标准

溶液离子强度一致；②调节标准溶液和试液在离子选择性电极要求的适宜 pH 范围内，避免 H^+ 或 OH^- 的干扰；③掩蔽干扰离子，使干扰离子不再与被测离子发生化学反应，将被测离子释放成为可检测的游离离子。例如，用氟离子选择性电极测定水中的 F^-，所加入的 TISAB 的组成为 NaCl（1mol/L）、HAc（0.25mol/L）、NaAc（0.75mol/L）及柠檬酸钠（0.001mol/L）。其中 NaCl 溶液用于调节离子强度；HAc-NaAc 组成缓冲体系，使溶液 pH 保持在氟离子选择性电极工作适宜的 pH（5～5.5）范围之内；柠檬酸钠作为掩蔽剂消除 Fe^{3+}、Al^{3+} 的干扰。

TISAB 的组成应根据离子选择性电极的性质，试液中的干扰物质等具体情况制定配方。

（2）直接比较法

对于测定准确度要求不高的少量、偶尔的样品分析，可在一份浓度与试液相近的标准溶液和样液中加入相同体积的 TISAB，在相同条件下，分别测出 E_x 与 E_s，然后计算出试液浓度 c_x，即：

$$\lg c_x = \lg c_s + \frac{E_x - E_s}{S} \tag{5-28}$$

式中，c_x、c_s 分别为待测试液和标准溶液的浓度；E_x、E_s 为相同条件下测得的待测溶液与标准溶液的电动势；S 为电极的斜率，其值可通过两份不同浓度标准溶液在相同条件下测量出的 E 值求得。

$$S = \frac{E_1 - E_2}{\lg c_1 - \lg c_2} \tag{5-29}$$

直接比较法不能发现测定 c_s 时出现的偶然误差，所以测定结果容易产生较大误差。

（3）标准曲线法

标准曲线法测定步骤如下所述。

① 配制 4 份以上浓度不同的标准溶液。

② 在各份标准溶液中依次加入相同体积的 TIS-AB。

③ 依次（由低浓到高浓）将离子选择性电极和参比电极插入标准溶液，在相同条件下，测出各份溶液的电动势 E。以所测电动势 E 为纵坐标，以溶液浓度 c 的对数（或负对数）值为横坐标，绘制 E-$\lg c_i$ 或 E-$(-\lg c_i)$ 工作曲线。图 5-11 是 E-$(-\lg c_{F^-})$ 的标准曲线。

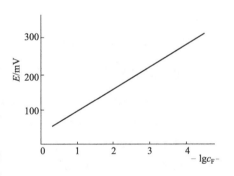

图 5-11　电位法测定氟离子浓度的标准曲线

④ 在样品溶液中加入相同体积的 TISAB 溶液，在相同条件下测定电池电动势 E_x，再从所绘制的标准曲线上查出 E_x 所对应的 $\lg c_x$（或 $-\lg c_x$）值后，再计算出 c_x。

由于 K' 值容易受温度、搅拌速度及液接电位等因素影响，标准曲线容易发生平移。实际工作中，每次使用标准曲线都必须先选用 1～2 份标准溶液，根据测出的 E 值，确定曲线平移的位置，将曲线校正后再进行试液测定。若试剂等测定条件变化，应重做标准曲线。采用标准曲线法进行测定时测定条件必须保持一致，否则将影响其线性。

标准曲线法适用于大批量、经常性的样品分析。

（4）标准加入法

标准加入法测定步骤如下所述。

① 首先测定体积为 V_x，浓度为 c_x 的样液的电池电动势 E_x。

$$E_x = K' + \frac{2.303RT}{nF} \lg\gamma c_x \quad (25℃) \tag{5-30}$$

② 然后在样液中加入含待测离子的标准溶液，浓度为 c_s（c_s 浓度要大），体积为 V_s（要求 $V_s < 1\% V_x$）。加入标准溶液后，试液中待测离子浓度的增量 Δc 为：

$$\Delta c = \frac{c_s V_s}{V_x + V_s} \tag{5-31}$$

由于 $V_s \ll V_x$，因而

$$\Delta c \approx \frac{c_s V_s}{V_x} \tag{5-32}$$

在同一实验条件下再测其电池的电动势 E_{x+s}。

$$E_{x+s} = k' + \frac{2.303RT}{nF} \lg\gamma'(c_x + \Delta c) (25℃) \tag{5-33}$$

式中，γ' 为加入标准溶液后，溶液离子活度系数。

两次测定的电动势相减：$\Delta E = E_{x+s} - E_x = \dfrac{2.303RT}{nF} \lg \dfrac{\gamma'(c_x + \Delta c)}{\gamma c_x}$ (5-34)

因为 $\gamma \approx \gamma'$ 则

$$\Delta E = \frac{2.303RT}{nF} \lg \frac{c_x + \Delta c}{c_x} \tag{5-35}$$

令 $S = \dfrac{2.303RT}{nF}$，则

$$c_x = \Delta c (10^{\Delta E/S} - 1)^{-1} \tag{5-36}$$

因此，只要测出 ΔE、S、计算出 Δc，就可以求出 c_x。

标准加入法需要在相同实验条件下测量电极的实际斜率，简便的测量方法是：在测量 E_x 后，将所测试液用空白溶液稀释 1 倍，再测定 $E_{x'}$，则 $S = \dfrac{|E_{x'} - E_x|}{\lg 2} = \dfrac{|E_{x'} - E_x|}{0.301}$。

标准加入法的优点是，只需要一种标准溶液，溶液配制简便，适于组成复杂、干扰严重的个别试样的测定，测定准确度高。缺点是，计算工作量太大，用时较多。

【例 5-1】 用氟离子选择性电极测定溶液中氟化物含量时，在 100mL 的试液中测得电动势为 -26.8mV，加入 1.00mL，0.500mol/L 的 NaF 溶液，测得电动势为 -54.2mV。计算溶液中氟化物浓度。

解 $\Delta c = \dfrac{c_s V_s}{V_x}$

则 $\Delta c = \dfrac{0.500 \times 1.00}{100}$

利用式 $c_x = \Delta c (10^{\Delta E/S} - 1)^{-1}$

则 $c_x = \dfrac{0.500 \times 1.00}{100} \left[10^{\frac{(54.2 - 26.8) \times 10^{-3}}{0.0592}} - 1 \right]^{-1}$

$= 2.63 \times 10^{-3}$ (mol/L)

（5）格氏作图法

格氏（Gran）作图法相当于多次标准加入法。假如试液的浓度为 c_x，体积为 V_x，加入含待测离子浓度为 c_s 的标准溶液 V_s（mL）后，测得电池电动势为 E。

则 $$E = K' + S\lg \frac{c_x V_x + c_s V_s}{V_x + V_s} \tag{5-37}$$

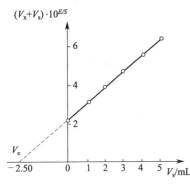

图 5-12　格氏作图法

即　　$(V_x+V_s)10^{E/S}=(c_xV_x+c_sV_s)10^{K'/S}$　　(5-38)

在体积为 V_x 的试液中，每加一次待测离子标准溶液 V_s mL 就测量一次电池电动势 E，并计算出相应的 $(V_x+V_s)10^{E/S}$，再在一般坐标纸上，以此值为纵坐标，以加标准溶液体积 V_s 为横坐标作图，将得一直线，如图 5-12 所示。

将直线外推，在横轴相交于 V_e。此时：

$$(V_x+V_s)10^{E/S}=0$$

根据式(5-38)，则

$$c_xV_x+c_sV_e=0$$

所以

$$c_x=\frac{c_sV_e}{V_x}$$

格氏作图法具有简便、准确及灵敏度高的特点。如果使用格氏坐标纸，可以避免将 E 换算 $10^{E/S}$ 数学计算，加快分析速度。格氏作图法适于低浓度物质的测定。

第三节　电位滴定法

一、电位滴定法基本原理

电位滴定法是将电位测定与滴定分析结合起来的一种定量分析方法。是在滴定过程中通过测量电池电动势变化确定滴定的终点。进行电位滴定时，在被测溶液中浸入一支参比电极和一支对待测离子或标准滴定溶液有电位响应的指示电极组成工作电池。随着标准滴定溶液的加入，由于待测离子与标准滴定溶液之间发生化学反应，被测离子浓度不断变化，电池电动势也相应随之变化。在化学计量点附近发生电池电动势的突跃。因此通过测量工作电池电动势的变化，即可确定滴定终点。最后根据标准滴定溶液浓度和终点时标准滴定溶液消耗体积计算试液中待测离子含量。

与直接电位法相比，电位滴定法不需要准确的测量电极电位的绝对准确值，只是根据电池电动势的突跃确定滴定终点。因此，温度、液接电位等因素对测定并不构成影响，其准确度优于直接电位法。与化学滴定分析法相比，化学滴定分析是根据指示剂颜色变化确定滴定终点，确定终点方便。但在极弱酸、碱的滴定，配合物稳定常数较小的滴定，浑浊、有色溶液以及找不到合适指示剂的滴定分析中，指示终点困难。而电位滴定可用于非水滴定，极弱酸、碱的滴定，配合物稳定常数较小的滴定，浑浊、有色溶液的滴定。

如果使用自动电位滴定仪，在滴定过程中可以自动绘出滴定曲线，自动找出滴定终点，自动给出滴定终点标准滴定溶液消耗体积，可以实现连续滴定和自动滴定。

二、电位滴定测定步骤

首先准确移取一定体积的试液（或称取一定质量固体试样并将其制备成试液）置于烧杯中，然后选择适宜的指示电极和参比电极浸入待测试液中，并按图 5-13 连接组装好装置。开动电磁搅拌器和毫伏计。滴定过程中，每加一次标准滴定溶液读

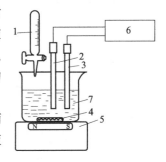

图 5-13　电位滴定用
基本仪器装置

1—滴定管；2—指示电极；

3—参比电极；4—铁芯搅拌棒；

5—电磁搅拌器；6—高阻抗

毫伏计；7—试液

取一次电动势（或 pH），读数前要关闭搅拌器。滴定开始时每次滴入标准滴定溶液体积可大些，当滴定至化学计量点附近时，应每次准确滴加 0.10mL 标准滴定溶液，直至电动势变化不大时为止。记录每次滴加标准滴定溶液后滴定管读数及测得的电动势或 pH。

表 5-4 内所列的是以银电极为指示电极，双盐桥饱和甘汞电极为参比电极，用 0.1000mol/L $AgNO_3$ 溶液滴定含 Cl^- 溶液的实验数据。

表 5-4　以 0.1000mol/L $AgNO_3$ 溶液滴定含 Cl^- 溶液

加入 $AgNO_3$ 体积 V/mL	工作电池电动势 E/V	$\Delta E/\Delta V$	$\Delta^2 E/\Delta V^2$
5.0	0.062		
		0.002	
15.0	0.085		
		0.004	
20.0	0.107		
		0.008	
22.0	0.123		
		0.015	
23.0	0.138		
		0.016	
23.50	0.146		
		0.050	
23.80	0.161		
		0.065	
24.00	0.174		
		0.09	
24.10	0.183		
		0.11	
24.20	0.194		2.8
		0.39	
24.30	0.233		4.4
		0.83	
24.40	0.316		−5.9
		0.24	
24.50	0.340		−1.3
		0.11	
24.60	0.351		−0.4
		0.07	
24.70	0.358		
		0.050	
25.00	0.373		
		0.024	
25.50	0.385		
		0.022	
26.00	0.396		

三、电位滴定确定终点的方法

电位滴定确定终点的方法有 3 种，即 E-V 曲线法、一阶微商法和二阶微商法。

1. E-V 曲线法

以加入标准滴定溶液的体积 V（mL）为横坐标以对应的电池电动势 E（mV）为纵坐标，绘制 E-V 曲线。E-V 曲线上的拐点（曲线斜率最大处）所对应的滴定体积即为终点时标准滴定溶液所消耗体积（V_{ep}）。对于突跃较小或不规则的曲线拐点位置可用下面的方法来确定：做两条与横坐标成 45°的 E-V 曲线的切线，两条切线的平行等距离线与 E-V 曲线交点即为拐点，如图 5-14 所示。E-V 曲线法适于滴定曲线对称的情况，而对滴定突跃不十分明显的体系误差较大。

2. 一阶微商法

E-V 曲线的拐点处一阶微商出现极大值，即一阶微商极大值所对应的滴定体积即为终点时标准滴定溶液所消耗体积（V_{ep}）。

一阶微商 $\Delta E/\Delta V$ 是电池电动势的变化值与对应标准滴定溶液加入体积的增量的比，即 $\Delta E = E_{n+1} - E_n$、$\Delta V = V_{n+1} - V_n$。例如表 5-4 中，在加入 $AgNO_3$ 体积为 24.10mL 和 24.20mL 之间，相应的有：

$$\frac{\Delta E}{\Delta V} = \frac{0.194 - 0.183}{24.20 - 24.10} = 0.11$$

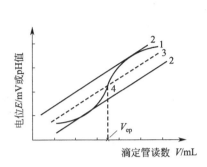

图 5-14　E-V 曲线上的拐点

1—滴定曲线；2—切线；

3—平行等距离线；4—滴定终点

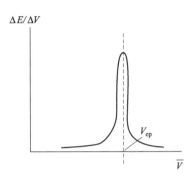

图 5-15　$\Delta E/\Delta V$-V 曲线

其对应的标准滴定溶液平均体积：

$$\overline{V} = \frac{24.20 + 24.10}{2} = 24.15 \ (\text{mL})$$

将 $\overline{V}$ 对 $\Delta E/\Delta V$ 作图，可得到一峰形曲线，如图 5-16 所示。曲线最高点须由数据点连线外推得到，由曲线最高点作横轴的垂线，交点对应的体积即为滴定终点时标准滴定溶液所消耗的体积（V_{ep}）。

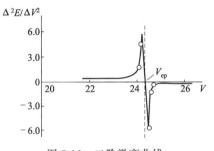

图 5-16　二阶微商曲线

3. 二阶微商法

E-V 曲线的拐点处二阶微商 $\Delta^2 E/\Delta V^2$ 的值等于零，即 $\Delta^2 E/\Delta V^2$ 的值等于零处对应的体积即为滴定终点时标准滴定溶液所消耗的体积（V_{ep}）。

$$\frac{\Delta^2 E}{\Delta V^2} = \frac{\left(\dfrac{\Delta E}{\Delta V}\right)_{n+1} - \left(\dfrac{\Delta E}{\Delta V}\right)_n}{V_{n+1} - V_n}$$

例如表 5-4 中，加入 $AgNO_3$ 体积为 24.30mL 时，有：

$$\frac{\Delta^2 E}{\Delta V^2} = \frac{\left(\dfrac{\Delta E}{\Delta V}\right)_{24.35} - \left(\dfrac{\Delta E}{\Delta V}\right)_{24.25}}{\overline{V}_{24.35} - \overline{V}_{24.25}}$$

$$= \frac{0.830 - 0.390}{24.35 - 24.25} = 4.4$$

加入 $AgNO_3$ 体积为 24.40mL 时，有：

$$\frac{\Delta^2 E}{\Delta V^2} = \frac{0.24 - 0.83}{24.45 - 24.35} = -5.9$$

终点 $\dfrac{\Delta^2 E}{\Delta V^2}$ 等于零的点必然介于为 +4.4 和 -5.9 之间，即滴定终点时标准滴定溶液所消耗的体积也必然介于 24.30～24.40mL 之间。V_{ep} 可以用内插法计算求出，即：

$$\begin{array}{cccc}
\text{滴定体积} & 24.30 & V_{ep} & 24.40 \\
\hline
\Delta^2 E/\Delta V^2 & +4.4 & 0 & -5.9
\end{array}$$

$$\frac{24.40-24.30}{-5.9-4.4}=\frac{V_{ep}-24.30}{0-4.4}$$

$$V_{ep}=24.30+\frac{0-4.4}{-5.9-4.4}\times 0.10=24.34\ (\text{mL})$$

二阶微商法求终点 V_{ep} 通常使用内插法，但也可使用作图法。

四、自动电位滴定法

电位滴定分析法虽然有很多优点，但是这种方法费时费力。使用自动电位滴定计可以代替人工，简单、快速完成电位滴定操作。

自动电位滴定仪设定终点的方式通常有 3 种：第一种方法是先用手动方法对待测试液进行预滴定，作 E-V 曲线，曲线拐点处对应的电池电动势即为滴定终点的电池电动势（$E_{终点}$），根据 $E_{终点}$ 在自动电位滴定仪上预设滴定终点的电池电动势（$E_{预设}$）。滴定过程中仪器自动将两电极间电池电动势 $E_{实测}$ 与 $E_{预设}$ 相比较，自动电位滴定仪则根据 $E_{实测}$ 与 $E_{预设}$ 差值大小来控制滴定速度，近终点时滴定速度降低，以防滴过。当 $E_{实测}=E_{预设}$ 时自动停止滴定，最后由滴定管读取终点标准滴定溶液消耗体积。第二种是根据在化学计量点时，滴定电池两极间电位差的二阶微商值由大降至最小，仪器自动启动继电器，通过电磁阀将滴定通路关闭，最后由人工从滴定管上读出滴定终点时标准滴定溶液消耗体积。这种仪器不需要预先设定终点电位，自动化程度高。第三种是保持恒定的滴定速度，仪器自动记录 E-V 滴定曲线，然后根据 E-V 滴定曲线由人工方法确定终点。自动电位滴定仪基本装置如图 5-17 所示。

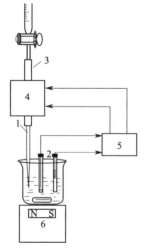

图 5-17　自动电位滴定装置

1—毛细管；2—电极；3—乳胶管；
4—电磁阀；5—自动滴定控制器；
6—电磁搅拌器

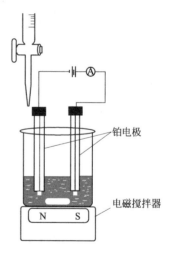

图 5-18　永停滴定法装置

五、永停滴定法

永停滴定法又称死停滴定法（死停终点法），是把两支相同的铂电极插入试液中，在两个电极之间外加一小电压，观察滴定过程中通过两个电极间的电流突变，根据电流的突变确定滴定终点。永停滴定法装置简单，准确度高，确定终点方法简便。永停滴定法装置如图5-18所示。

永停滴定法的原理如下所述。

将两支铂电极插入试液构成电池，如果溶液中存在I_2/I^-这样的电对，给两只铂电极施加一很小的外加电压（$10\sim100mV$）时就能发生电解反应，做正极的铂电极发生氧化反应，做负极的铂电极发生还原反应，此时检流计中有电流通过。此类电对称为可逆电对。

电解反应为： $$I_2+2e \longrightarrow 2I^-$$

若溶液中存在$S_4O_6^{2-}/S_2O_3^{2-}$这样的电对，同样插入两支铂电极，同样施加一很小的外加电压，电解反应不能发生，检流计中没有电流通过。此类电对叫做不可逆电对。

如果以I_2滴定$S_2O_3^{2-}$，在滴定终点前，溶液中存在$S_4O_6^{2-}/S_2O_3^{2-}$不可逆电对，两支铂电极之间无电流通过，电流计指针指零。滴定至终点后，过量的半滴I_2与溶液中的I^-构成I_2/I^-可逆电对，产生电解反应，检流计指针立即产生较大的偏转，指示滴定终点的到达。

反之如果以$S_2O_3^{2-}$滴定I_2，在滴定终点前，溶液中存在I_2/I^-可逆电对，两支铂电极之间有电流通过，检流计有较大的偏转。滴定至终点后，过量半滴$S_2O_3^{2-}$时溶液中的I_2消耗完全，溶液中存在$S_4O_6^{2-}/S_2O_3^{2-}$不可逆电对，电流计指示立即回零，指示终点的到达。

滴定到达终点后，根据标准滴定溶液浓度及消耗体积计算式样中待测离子浓度。

永停滴定法具有测定装置简单、操作简便、终点指示准确的特点，可大大提高分析速度。

第四节　电位分析仪器结构与原理

一、直接电位法常用仪器

测定溶液的pH的仪器酸称为酸度计（又称pH计），既可用于测量溶液的酸度，又可以用作毫伏计测量电池电动势。根据测量要求不同酸度计分为普通型、精密型和工业型3类，读数值精度最低的为0.1pH，最高的为0.001pH。可以根据测定精度要求选择不同类型的仪器。

1. 酸度计结构

国内市场上酸度计型号很多，但仪器结构基本一致。测定时指示电极、参比电极与待测溶液组成原电池，参比电极与指示电极的电位差经放大电路放大后，由电流表或数码管显示。图5-19为pHS-3F型酸度计外形图。

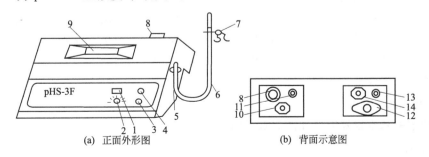

图5-19　pHS-3F型酸度计

图中各部件、调节旋钮和开关的作用如下。

1—mV-pH 按键开关　是一个功能选择按钮，当按键在"pH"位置时，仪器用于 pH 的测定；当按键在"mV"位置时，仪器用于测量电池电动势，此时温度调节器、"定位"调节器和"斜率"调节器无作用。

2—"温度"调节器　是用来补偿溶液温度变化对电极斜率引起偏差的装置，使用时将调节器调至所测溶液的温度数值（预先用温度计测得）即可。

3—"斜率"调节器　用它调节电极系数，使仪器能更精确地测量溶液 pH。

4—"定位"调节器　它的作用是抵消待测离子活度为零时的电极电位，即抵消 E-pH 曲线在纵坐标上的截距。

5—电极架座　用于插电极架立杆的装置。

6—U 形电极架立杆　用于固定电极夹。

7—电极夹　用于夹持玻璃电极，甘汞电极或复合电极。

8—玻璃电极输入座。

9—数字显示屏。

10—调零电位器　在仪器接通电源后（电极暂不插入输入座）若仪器显示不为"000"，则可调此零电位器使仪器显示为正或负"000"，然后再锁紧电位器。

11—甘汞电极接线柱。

12、13—分别是仪器电源插座和电源开关。

14—保险丝座。

酸度计型号繁多，不同型号的酸度计，其旋钮、开关的位置会有所不同，但仪器上的调节器和开关的功能基本一致。

2. pHS-3F 型酸度计的使用方法

（1）仪器使用前准备

打开仪器电源开关预热 20min。将饱和甘汞电极和玻璃电极夹在电极架上，接上电极导线。用洗瓶冲洗电极需要插入溶液的部分，并用滤纸吸干电极外壁上的水。将仪器选择按键置"pH"位置。

（2）溶液 pH 的测量

① 仪器的校正。按前述 GB.9724—88 酸度计"一点校正法"或"二点校正法"校正。

② 试液 pH 测量步骤。仪器校正完成后，移去标准缓冲溶液，清洗电极，用滤纸吸干后，将其插入待测试液中，轻摇试杯，待电极平衡后，读取被测试液的 pH。

（3）测量溶液的电极电位（mV 值）

仪器上安装好指示电极和参比电极，用洗瓶冲洗电极，用滤纸吸干。把电极浸入待测溶液内。将功能选择按键置"mV"位置上，开动电磁搅拌器，待电极平衡后，关断电磁搅拌器（否则可能导致读数不稳），即可读出电池电动势（mV）。

二、电位滴定法常用仪器

（一）电位滴定装置

电位滴定的基本仪器装置如图 5-20 所示。

1. 滴定管

根据被测物质含量的高低，可选用常量滴定管或微量、半微量滴定管。

2. 电极

(1) 指示电极

电位滴定法在滴定分析中应用广泛，电位滴定法可以进行酸碱滴定，氧化还原滴定，配位滴定和沉淀滴定。酸碱滴定时使用 pH 玻璃电极为指示电极，在氧化还原滴定中，使用铂电极作指示电极。在配位滴定中，若用 EDTA 作标准滴定溶液，可以用汞电极作指示电极，在沉淀滴定中，若用硝酸银滴定卤素离子，可以用银电极作指示电极。

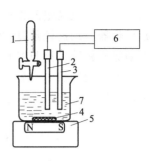

图 5-20 电位滴定
基本仪器装置

1—滴定管；2—指示电极；
3—参比电极；4—铁芯搅拌棒；
5—电磁搅拌器；6—高阻抗毫
伏计；7—试液

(2) 参比电极

电位滴定中的参比电极通常选用饱和甘汞电极。

(3) 离子计

离子计可用酸度计兼用。

3. 电磁搅拌器

电磁搅拌器上设有搅拌开关、调速旋钮。溶液搅拌速度可用调速旋钮调节，溶液搅拌速度不宜过快，不能把试液溅出烧杯。

(二) 自动电位滴定仪

自动电位滴定仪有多种型号，如 ZD-2 型自动电位滴定仪，MIA-3-DAB-B 全自动电位滴定仪等，目前国内使用较普遍是 ZD-2 自动电位滴定仪。ZD-2 自动电位滴定仪能自动控制滴定速度，终点时会自动停止滴定，仪器面板及控制旋钮如图 5-21 所示。

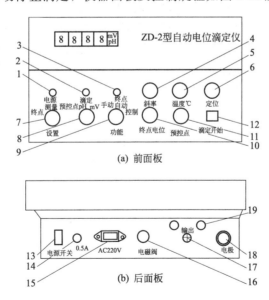

图 5-21 ZD-2 型自动电位滴定仪面板

1—电源指示灯；2—滴定指示灯；3—终点指示灯；4—斜率补偿调节旋钮；5—温度补偿调节旋钮；
6—定位调节旋钮；7—"设置"选择开关；8—"pH/mV"选择开关；9—"功能"选择开关；
10—"终点电位"调节旋钮；11—"预控点"调节旋钮；12—"滴定开始"按钮；13—电源开关；
14—保险丝座；15—电源插座；16—电磁阀接口；17—接地接线柱；18—电极插口；19—记录仪输出

1. 自动电位滴定仪工作原理

插在试液中的指示电极和参比电极与滴定控制器相连，控制器控制电磁阀的开启与关闭。自动电位滴定前先根据用手动方法测出的终点电动势值来预设仪器的终点电位。滴定开始后仪器自动比较预设的终点电动势值与测量电池的电动势。如果预设的终点电动势与电池电动势不相等，控制器开启电磁阀，使标准滴定溶液通过毛细管进入被测溶液。当接近终点时，预设的终点电动势与电池电动势的差值逐渐减小，控制器控制电磁阀开启时间逐渐缩短，标准滴定溶液加入速度逐渐变慢。当预设的终点电动势与电池电动势相等时到达滴定终点，控制器自动关闭电磁阀，终止滴定。

ZD-2 型滴定计也可作为 pH 计或毫伏计使用。

2. ZD-2 型滴定计主要旋钮作用

4，5，6——斜率补偿调节旋钮、温度补偿调节旋钮、定位调节旋钮，测定 pH 时使用。

7——"设置"选择开关。此开关置"终点"时，可设置自动滴定的终点 pH 或 mV 值。此开关置"测量"时，进行 pH 或 mV 值测量。此开关置"预控点"时，可进行自动滴定由快滴转为慢滴预控 pH 值或 mV 值。

8——"pH/mV"选择开关。此开关置于"pH"时，可进行 pH 测量或 pH 终点值设定，或 pH 预控点设定。此开关置于"mV"时，可进行 mV 测量或 mV 终点值设定，或 mV 预控点设定。

9——"功能"选择开关。此开关置于"手动"时，可进行手动滴定；开关置"自动"时，可进行自动滴定；开关置"控制"时，进行 pH 或 mV 控制滴定。

10——"终点电位"调节旋钮。用于设定终点 mV 值或 pH。

11——"预控点"调节旋钮。用于设定预控点 mV 值或 pH。

12——"滴定开始"按钮。进行"自动滴定"或"控制"滴定时，按一下此按钮，滴定开始。进行手动滴定时，按下此开关，滴定进行，放开此按钮，滴定停止。

近年来，随着电子技术和计算机技术的发展，电位滴定法从仪器上到方法上都日趋成熟。电位滴定仪向小型化、自动化方向发展。

本 章 小 结

一、理论知识部分

1. 有关名词术语

电位分析法、直接电位法、电位滴定法、指示电极、参比电极、金属基电极、离子选择性电极、玻璃电极、膜电位、酸差、碱差、不对称电位、液体接界电位、电极选择性系数、电极斜率、总离子强度调节缓冲剂。

2. 基本原理

电位分析法的基本原理、直接电位法定量分析的基本关系式、电位滴定法的基本理论依据。

参比电极的种类，甘汞电极的构造、电极电位和使用注意事项。

金属基电极电位产生机理、电极分类和主要应用。

pH 玻璃电极的基本构造、膜电位产生机理、膜电位与 a_{H^+} 的关系式、电极的电位表达式、电极使用方法和使用注意事项。

离子选择性电极的基本构造、电极电位与响应离子活度的关系式。

3. 直接电位法

直接电位法测定溶液 pH 的测定原理、标准缓冲溶液的种类和选择；酸度计使用方法；离子活（浓）度的电位测定原理，测定离子浓度的条件，定量方法（标准曲线法、标准加入法、Gran 作图法）、离子计的使用方法，影响测量准确度因素。

4. 电位滴定法

方法原理；滴定基本装置；电极选择、终点确定方法（E-V 法、$\Delta E/\Delta V$ 法、$\Delta^2 E/\Delta V^2$ 法）；电位滴定应用；自动电位滴定预设终点方法。自动电位滴定仪主要组成部分，滴定仪各调节钮作用。

二、操作技能部分

1. pH 的电位法测定

标准缓冲溶液的配制；pH 玻璃电极活化处理、使用前检查、电极安装、电极使用前后清洗。

甘汞电极使用前检查和处理；电极使用注意事项；电极安装。

酸度计的使用（温度补偿钮的使用、开机预热、定位、斜率钮使用）和仪器的校正（一点校正法，二点校正法）；试液 pH 测定操作步骤。

2. 溶液中离子浓度的电位测定

离子选择性电极的预处理；测量前后清洗方法；TISAB 配制；标准系列溶液配制；离子计的开机、调试和测量方法；标准曲线法操作步骤；标准加入法操作步骤；测定结果数据记录和处理。

3. 电位滴定法

仪器装置的安装；电极选择、处理（如银电极、铂电极等）；滴定速度控制；工作电池电动势的测量、读数；自动电位滴定仪的组装、调试；预终点电位确定方法；结果数据处理。

思考题与练习

1. 解释名词术语

电位分析法、直接电位法、电位滴定法、参比电极、指示电极、不对称电位、离子选择性电极、离子选择性电极的选择性系数、电极的斜率。

2. 常用的参比电极-饱和甘汞电极、银-氯化银电极各有什么特点？

3. 指示电极的电极电位与被测离子的活（浓）度的关系是什么？

4. pH 玻璃电极膜电位的产生的机理是什么？

5. 用玻璃电极测量溶液的 pH 时，为什么要用标准缓冲溶液定位？

6. 玻璃电极在使用前，需在蒸馏水中浸泡 24h 以上，目的是什么？

7. 离子选择性电极的电极斜率理论值是多少？

8. 总离子强度调节缓冲剂中含有哪些物质？TISAB 的作用是什么？

9. 用离子选择性电极进行测量时，使用电磁搅拌器搅拌溶液起什么作用？

10. 直接电位法中以标准加入法进行定量分析时，对加入的标准溶液的体积和浓度有什么要求？为什么？

11. 在使用标准加入法测定离子浓度时，电极的实际斜率应如何测量？

12. 直接电位法影响测定准确度的因素有哪些？

13. 电位滴定法有哪些类型？与用指示剂指示滴定终点的滴定分析法相比有何特点？

14. 电位滴定法与直接电位法相比有何特点？

15. 电位滴定中，E-V 曲线法、$\Delta E/\Delta V$-V 法、$\Delta^2 E/\Delta V^2$-V 法 3 种确定滴定终点的方法各有什么特点？

16. 以 Pb^{2+} 选择性电极测定 Pb^{2+} 标准溶液，得如下数据

Pb^{2+}/(mol/L)	1.00×10^{-5}	1.00×10^{-4}	1.00×10^{-3}	1.00×10^{-2}
E/mV	-208.0	-181.6	-158.0	-132.2

求：① 绘制标准曲线；② 若对未知试液测定得 $E=-154.0$mV，求未知试液 Pb^{2+} 浓度。

17. 取 100mL 含氯离子水样，插入氯离子电极和参比电极，测得电动势为 200mV，加入 1.00mL 0.1000mol/L 的 NaCl 标准溶液后电动势为 185mV。求水样中氯离子含量。

18. 称取硫酸试样 1.1969g，以玻璃电极作指示电极，饱和甘汞电极作参比电极，用 $c_{(NaOH)}=0.5001$mol/L 的氢氧化钠溶液滴定，记录标准滴定溶液体积与相应的电动势值如下：

滴定体积/mL	电动势/mV	滴定体积/mL	电动势/mV
23.70	183	24.00	316
23.80	194	24.10	340
23.90	233	24.20	351

① 用 E-V 曲线法确定滴定终点消耗标准滴定溶液体积；

② 计算试样中硫酸的质量分数（硫酸的相对分子质量为 98.08）。

19. 测定海带中 I^- 的含量时，称取 10.56g 海带，制成溶液，稀释到 200mL，用银电极做指示电极，双盐桥饱和甘汞电极做参比电极，以 0.1026mol/L $AgNO_3$ 标准溶液进行滴定，测得如下数据：

V_{AgNO_3}/mL	0.00	5.00	10.00	15.00	16.00	16.50	16.60	16.70
E/mV	-253	-234	-210	-175	-166	-160	-153	-142
V_{AgNO_3}/mL	16.80	16.90	17.00	17.10	17.20	18.00	20.00	
E/mV	-123	$+244$	$+312$	$+332$	$+338$	$+363$	$+375$	

① 用二阶微商计算法确定终点体积；

② 计算海带试样中 KI 的含量 [已知 $M(KI)=166.0$g/mol]

实训 5-1　直接电位法测量水溶液的 pH

一、实训目的

① 掌握直接电位法测定溶液 pH 的方法和实验操作。

② 学习酸度计与玻璃电极、甘汞电极的使用方法。

二、测定原理

根据能斯特公式，用 pH 玻璃电极作为指示电极、饱和甘汞电极作为参比电极与被测溶液组成电池，则 25℃时，有：

$$E_{\text{电池}}=K'+0.0592\text{pH}$$

式中，K' 在一定条件下虽是定值，但不能通过理论计算得到。在实际测量中须用标准缓冲溶液"定位"后，才可在相同条件下测量溶液 pH。为适应不同温度下的测量，在用标准缓冲溶液"定位"之前，先要进行温度补偿（使用温度计实测溶液温度，将"温度补偿"旋钮调至溶液实际温度值）。在进行"温度补偿"和校正后将电极插入待测试液中，仪器就直接显示被测溶液 pH。

pH 测量结果的准确度取决于标准缓冲溶液 pH$_s$ 值的准确度及酸度计的精度和质量。

三、仪器与试剂

1. 仪器

酸度计；231 型 pH 玻璃电极和 232 型饱和甘汞电极（或使用 pH 复合电极）；温度计。

2. 试剂

(1) 两种不同 pH 的未知液 A 和 B。

(2) pH＝4.00 的标准缓冲溶液　称取在 110℃下干燥过 1h 的苯二甲酸氢钾 5.11g，用无 CO_2 的水溶解并稀释至 500mL，储存于聚乙烯试剂瓶中，贴上标签。

(3) pH＝6.86 标准缓冲溶液　称取已于 120℃下干燥过 2h 的磷酸二氢钾 1.70g 和磷酸氢二钠 1.78g，用无 CO_2 水溶解并稀释至 500mL，储存于聚乙烯试剂瓶中贴上标签。

(4) pH＝9.18 标准缓冲溶液　称取 1.91g 四硼酸钠，用无 CO_2 水溶解并稀释至 500mL，储于聚乙烯试剂瓶中，贴上标签。

以上各种标准缓冲溶液也可用袋装商品"成套 pH 缓冲剂"配制。

(5) 广泛 pH 试纸

四、测定步骤

1. 酸度计使用前准备

(1) 接通电源，预热 20min。

(2) 置选择按键开关于"mV"位置（注意：此时暂不要把玻璃电极插入座内），若仪器显示不为"0.00"，可调节仪器"调零"电位器，使其显示为正或负"0.00"。

2. 电极选择、处理和安装

选择、处理和安装 pH 玻璃电极

(1) pH 玻璃电极，在蒸馏水中浸泡 24h 以上，用滤纸吸干外壁水分后，固定在电极夹上，球泡高度略高于甘汞电极下端。

(2) 检查、处理和安装甘汞电极。取下电极下端和上侧小胶帽。检查饱和甘汞电极内液位、晶体、气泡及微孔砂芯渗漏情况并作适当处理后，用蒸馏水清洗电极外部，并用滤纸吸干外壁水分后，将电极置电极夹上。电极下端略低于玻璃电极球泡下端。

(3) 将甘汞电极导线接在甘汞电极接线柱上；玻璃电极引线柱插入仪器后玻璃电极输入座。

3. 校正酸度计（二点校正法）

(1) 将选择按键开关置"pH"位置。取一洁净塑料试杯（或 100mL 烧杯）用 pH＝6.86（25℃）的标准缓冲溶液荡洗 3 次，倒入 50mL 左右该标准缓冲溶液。用温度计测量标准缓冲溶液温度，调节"温度"调节器，使指示的温度刻度为所测得的温度。

(2) 将玻璃电极、甘汞电极插入标准缓冲溶液中（插入深度以溶液浸没玻璃球泡为度），小心轻摇几下试杯，以促使电极平衡。

(3) 将"斜率"调节器顺时针旋到底，调节"定位"调节器，使仪器显示值为此温度下该标准缓冲溶液的 pH。随后将电极从标准缓冲溶液中取出，用洗瓶冲洗电极，并用滤纸吸干电极外壁水。

(4) 另取一洁净试杯（或 100mL 小烧杯），用另一种与待测试液 pH 相接近（试液 pH 用广泛 pH 试纸测试）的标准缓冲溶液荡洗三次后，倒入 50mL 左右该标准缓冲溶液。将电极插入溶液中，小心轻摇几下试标，使电极平衡。调节"斜率"调节器，使仪器显示值为此温度下该标准缓冲溶液的 pH。

注意：校正后的仪器即可用于测量待测溶液的 pH，但测量过程中不应再触动"定位"和"斜率"调节器，若不小心触动应重新校正！

4. 测量待测试液的 pH

（1）用洗瓶冲洗电极，并用滤纸吸干电极外壁水。取一洁净试杯（或 100mL 小烧杯），用待测试液 A 荡洗 3 次后倒入 50mL 左右试液。用温度计测量试液的温度，并将温度调节器置此温度位置上。

注意：待测试液温度应与标准缓冲溶液温度相同或接近！若温度差别大，则应待温度相近时再测量。

（2）将电极插入被测试液中，轻摇试杯以促使电极平衡。待数字显示稳定后读取并记录被测试液的 pH。平行测定 2 次，并记录。

（3）按步骤（4），（5）测量另一未知液 B 的 pH〔若试液 B 与试液 A 的 pH 相差大于 3 个 pH 单位，则必须重新定位、定斜率，若相差小于 3 个 pH 单位，一般可以不需重新定位〕。

5. 实验结束工作

关闭酸度计电源开关，拔出电源插头。取出玻璃电极用蒸馏水清洗干净后浸泡在蒸馏水中备用。取出甘汞电极用蒸馏水清洗，再用滤纸吸干外壁水分，套上小帽存放在盒内。清洗试杯，晾干后妥善保存。用干净抹布擦净工作台，罩上仪器防尘罩，填写仪器使用记录。

五、注意事项

（1）标准缓冲溶液配制要准确无误，否则将导致测量结果不准确。

（2）酸度计的输入端（即测量电极插座）必须保持干燥清洁。在环境湿度较高的场所使用时，应将电极插座和电极引线柱用干净纱布擦干。读数时电极引入导线和溶液应保持静止，否则会引起仪器读数不稳定。

（3）由于待测试样的 pH 常随空气中 CO_2 等因素的变化而改变，因此采集试样后应立即测定，不宜久存。

（4）注意用电安全，合理处理、排放实验废液。

六、数据记录与处理

分别计算各试液 pH 的平均值。

七、思考题

（1）在测量溶液的 pH 时，既然有用标准缓冲溶液"定位"这一操作步骤，为什么在酸度计上还要有温度补偿装置？

（2）测量过程中，读数前轻摇试杯起什么作用？读数时是否还要继续晃动溶液？为什么？

实训 5-2 氟离子选择性电极测定饮用水中的氟

一、实训目的

① 掌握直接电位法测定水中氟离子浓度的方法及实验操作。

② 学会使用离子计、电磁搅拌器、氟离子选择电极。

二、测定原理

以饱和甘汞电极为参比电极，氟离子选择电极为指示电极，可测定溶液中氟离子含量。工作电池的电动势 E，在一定条件下与氟离子活度 a_{F^-} 的对数值呈线性关系。如氟离子选择电极接正极，则电池电动势：

$$E=K'-0.0592\lg a_F \quad (25℃)$$

当溶液的总离子强度不变时，上式可改写为：

$$E=K-0.0592\lg c_{F^-} \quad (25℃)$$

即，在一定条件下，电池电动势与试液中的氟离子浓度的对数呈线性关系，可用标准曲线法和标准加入法进行测定。

向标准溶液和待测试样中加入 TISAB，以使溶液中离子活度系数保持定值，并控制溶液的 pH 和消除共存离子干扰。

三、仪器与试剂

1. 仪器

离子计；氟离子选择电极；饱和甘汞电极；电磁搅拌器。

2. 试剂

（1）氟标准储备溶液：称取于 110℃ 干燥 2h 并冷却的 NaF 0.2210g，用水溶解后转入 1000mL 容量瓶中，稀释至刻度，摇匀。储于聚乙烯瓶中。此溶液每 1mL 含 F⁻ 100μg。

（2）氟标准溶液：吸取 10.00mL 氟标准储备溶液于 100mL 容量瓶中，用水稀释至刻度，摇匀。此溶液每 1mL 含 F⁻ 10.0μg。

（3）总离子强度调节缓冲溶液（TISAB）：称取氯化钠 58g，柠檬酸钠 10g 溶于 500mL 蒸馏水中，再加冰乙酸 57mL，用 6mol/L NaOH 溶液调至 pH 为 5.0～5.5 之间，冷至室温后转入 1000mL 容量瓶中，然后用去离子水稀释至 1000mL。

（4）含 F⁻ 自来水样。

四、操作步骤

1. 电极的准备

（1）氟电极的准备：氟电极在使用前，可在 10^{-3}mol/L 的 NaF 溶液中浸泡活化 1～2h，然后用蒸馏水清洗电极数次，直至测得的电位值约为 -300mV（电极的空白电位值，此值各支电极有差异）。

电极与坚硬物体碰撞会碰掉晶片。晶片表面如污染严重，可用细砂纸轻轻磨去，或用脱脂棉依次以酒精、丙酮轻拭，再用蒸馏水洗净。

（2）饱和甘汞电极的准备：按实训 5-1 中的方法进行检查和预处理。

2. 仪器的准备和电极的安装

安装好饱和甘汞电极和氟离子选择性电极。接通电源，预热 20min。

3. 标准曲线法

吸取 10μg/mL 的氟标准溶液 0.00，0.50mL，1.00mL，3.00mL，5.00mL，8.00mL，10.00mL 及水样 20.00mL（或适量水样），分别放入 8 个 100mL 容量瓶中，各加入 20mL TISAB 溶液，用水稀释至标线，摇匀，依次移入塑料烧杯中（空白溶液除外），插入氟电极和参比电极，放入搅拌子，电磁搅拌 5min，静置 1min 后读取平衡电位（达平衡电位所需时间与电极状况、溶液浓度和温度等有关，搅拌时间根据实际情况而定），最后测定水样电位值。在每一次测量之前，都要用洗瓶将电极冲洗干净，并用滤纸吸干。

根据所测标准系列数据，在坐标纸上作 E-$\lg c_{F^-}$ 标准曲线。在标准曲线上查出稀释后水样的 $\lg c_{F^-}$，然后计算出水样中 F^- 含量。

注意：读数时应停止搅拌。每测完一次均要用去离子水清洗至原空白电位值，测定溶液次序应该由低浓到高浓。

4. 水样中 F^- 的测定

（1）标准曲线法

准确移取自来水水样 50mL 于 100mL 容量瓶中，加入 10mL TISAB，用蒸馏水稀释至刻度，摇匀，然后倒入一干燥的塑料杯中，插入电极。搅拌约 5min，待电动势稳定后关闭电磁搅拌器，读出电位值 E_x（此溶液别倒掉，留下步实验用）。重复测定 2 次，取平均值。

（2）标准加入法

取 20.00mL 水样于 100mL 容量瓶中，加入 20mL TISAB 溶液，用水稀释至刻度，摇匀后全部转入 200mL 的干燥烧杯中，测定电位值 E_1。

向被测溶液中加入 1.00mL 浓度为 $100\mu g/mL$ 的氟标准溶液，搅拌均匀，测定其电位值为 E_2。将标准系列中的空白溶液全部加到上面测过 E_2 试液中，搅拌均匀，测定其电位值为 E_3。试液中 F^- 浓度为：

$$c_{F^-} = \frac{c_s V_s}{V_x} \left(10^{\frac{|E_2 - E_1|}{S}} - 1 \right)^{-1}$$

水样中 F^- 含量为：

$$\rho_{F^-} = 100.00 \times c_{F^-} / 20.00 \, \text{mg/L}$$

式中 S 为电极响应斜率，实际值与理论值 $2.303RT/(nF)$ 有差异，为避免引入误差，可由稀释一倍的方法测得。在测出 E_1 和 E_2 后的溶液中加入同体积空白溶液，测其电位为 E_3，则实际响应斜率为：

$$S = \frac{|E_3 - E_2|}{\lg 2}$$

5. 结束工作

用蒸馏水清洗电极数次，直至接近空白电位值，晾干后收入电极盒中保存，（电极暂不使用时，宜干放；若连续使用期间的间隙内，可浸泡在水中）。

关闭仪器电源开关。清洗试杯，晾干后放回原处。整理工作台，罩上仪器防尘罩，填写仪器使用记录。

五、注意事项

（1）测量时浓度应由稀至浓。每次测定前要用被测试液润洗电极、烧杯及搅拌子。

（2）绘制标准曲线时，测定一系列标准溶液后，应将电极清洗至原空白电位值，然后再测定未知液的电位值。

（3）测定过程中更换溶液时"测量"键必须处于断开位置，以免损坏离子计。

（4）测定过程中搅拌溶液的速度应恒定。

六、数据记录与处理

（1）以所测出的 F^- 标准溶液的电动势值 E 对所对应的标准溶液 F^- 的浓度的对数作图（$E - \lg c_{F^-}$）。并由 E_x 值求试样中 F^- 的浓度以 mg/L 表示。

（2）根据标准加入法公式求出试样中 F^- 的浓度。

七、思考题

(1) 为什么要加入总离子强度调节剂？

(2) 在测量前氟电极应怎样处理，达到什么要求？

(3) 试比较标准曲线法和标准加入法的测定结果。

实训 5-3 乙酸的电位滴定分析及其离解常数的测定

一、实训目的

① 掌握电位滴定的基本操作和确定滴定终点的方法。

② 学习测定弱酸离解常数的原理和方法。

二、测定原理

电位滴定法是在滴定过程中根据指示电位和参比电极组成电池的电动势（或酸度计上 pH）的突跃来确定滴定终点。在酸碱电位滴定过程中，随着标准滴定溶液的不断加入，被测物与标准滴定溶液发生反应，溶液 pH 不断变化。在化学计量点附近溶液 pH 发生突跃，酸度计能指示出 pH 的突跃，从而确定滴定终点。滴定过程中，每加一次标准滴定溶液，测一次 pH，在接近化学计量点时，每次准确滴加 0.10mL 标准滴定溶液。记录标准滴定溶液用量 V 和测得的相应的 pH 数据。

常用的确定滴定终点的方法有以下几种。

1. 绘 pH-V 曲线法

以标准滴定溶液用量 V 为横坐标，以 pH 为纵坐标，绘制 pH-V 曲线。作两条滴定曲线 45° 的切线，等分线与曲线的交点即为滴定终点，如图 5-22(a) 所示。

2. 绘制 $\Delta pH/\Delta V$-V 曲线

曲线最高点即为滴定终点，如图 5-22(b) 所示。

3. 二阶微商法绘制 $(\Delta^2 pH/\Delta V^2)$-V 曲线

$\Delta^2 pH/\Delta V^2$ 等于零的点，就是滴定终点。二阶微商法也可不经绘图而直接由内插法确定滴定终点，如图 5-22(c) 所示。

确定滴定体积以后，从 pH-V 曲线上查出 HAc 被中和一半时 $(1/2V_{ep})$ 的 pH。此时，pH＝pK_a，从而计算出 K_a。乙酸在水溶液中电离如下：

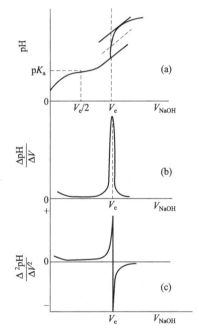

图 5-22 NaOH 滴定 HAc 的 3 种滴定曲线示意

$$HAc \Longrightarrow H^+ + Ac^-$$

其酸常数为：$K_a = \dfrac{[H^+][Ac^-]}{[HAc]}$

当乙酸被中和了一半时，溶液中 $[Ac^-]＝[HAc]$。根据以上平衡式，此时 $K_a＝[H^+]$，即 $pK_a＝pH$。因此，pH-V 图中 $1/2V_{ep}$ 所处的 pH 即为 pK_a，从而可求出乙酸的酸常数 K_a。

三、仪器和试剂

1. 仪器

酸度计，电磁搅拌器，231 型玻璃电极和 232 型饱和甘汞电极，10mL 半微量碱式滴定管，100mL 小烧杯，10.00mL 移液管，100mL 容量瓶。

2. 试剂

0.6mol/L HAc，1mol/L KCl，0.1000mol/L NaOH 标准溶液，pH＝4.00（25℃）的标准缓冲溶液。

四、测定步骤

（1）用 pH＝4.00（25℃）的缓冲溶液将酸度计定位。

（2）准确吸取乙酸试液 10.00mL 于 100mL 容量瓶中，加水至刻度摇匀，吸 10.00mL 于小烧杯中，加 1mol/L KCl 5.0mL，再加水 35.00mL。放入搅拌子，浸入玻璃电极和甘汞电极。开启电磁搅拌器，用 0.1000mol/L NaOH 标准溶液进行滴定，滴定开始时每点隔 1.0mL 读数一次，待到化学计量点附近时间隔 0.10mL 读数一次。记录格式如下。

V/mL	pH	ΔV	ΔpH	$\Delta \text{pH}/\Delta V$	$\Delta^2 \text{pH}/\Delta V^2$

（3）数据处理

① 绘制 pH-V 曲线，分别确定滴定点 V_{ep}（可由 HG 软件作图）。

② 二阶微商法用内插法确定终点 V_{ep}

③ 由 $1/2V_{\text{ep}}$ 计算 HAc 的电离常数 K_{a0}，并与文献值比较（K_{a0} 文献值为 1.76×10^{-5}），分析产生错误的原因。

五、注意事项

（1）玻璃电极在使用前必须在去离子水中浸泡活化 24h，玻璃电极膜很薄易碎，电极安装时不要过低，以免被搅拌子碰到，使用时要十分小心。

（2）甘汞电极在使用前应拔去橡皮帽，并检查饱和氯化钾溶液是否足够，若盐桥内溶液不能与白色甘汞部分接触时应再添加一些饱和 KCl。

（3）安装电极时甘汞电极应比玻璃电极略低些，不要碰到杯底或杯壁。

（4）标准滴定溶液每次应准确放至相应的刻度线上。滴定过程中，读数开关可一直保持打开，直至滴定结束，电极离开试液时应将读数开关关闭。

（5）切勿把搅拌子连同废液一起倒掉。

六、思考与讨论

（1）用电位滴定法确定终点与指示剂法相比有何优缺点？

（2）当乙酸完全被氢氧化钠中和时，反应终点的 pH 是否等于 7？为什么？

第六章　库仑分析法

库仑分析法是一种在电解分析法的基础上发展起来的分析方法。电解分析法作为经典的电化学分析方法，是利用外加电压电解试液，根据电解完成后电极上析出物质的质量来进行定量分析。库仑分析法不是通过称量电解析出物的重量，而是通过测量电解过程中被测物质在电极上发生电化学反应所消耗的电量，来求出被测物质的含量。库仑分析法测量时不需要基准物质和标准溶液，是一种绝对分析方法，准确度极高，特别适用于微量、痕量成分的测定。

库仑分析法根据电解方式以及电量测量方式的不同分为控制电位库仑分析法、控制电流库仑分析法等。

第一节　库仑分析法的基本原理

一、电解现象和电解电量

在电解池的两个电极上，加上一直流电压，使溶液中有电流通过，在两电极上便发生电极反应，这个过程称为电解。例如，在硫酸铜（$CuSO_4$）溶液中，浸入两个铂电极，电极通过导线分别与直流电源的正极和负极相连接，构成 $CuSO_4$ 溶液的电解装置，如图 6-1 所示。

电解池的负极为阴极，它与外电源的负极相连，电解时阴极上发生还原反应；电解池的正极为阳极，它与外电源的正极相连，电解时阳极上发生氧化反应。接通电源后，电解液中的 Cu^{2+}、H^+ 移向阴极，SO_4^{2-}、少量的 OH^- 移向阳极。在阴极，从电源负极输出的电子，通过导线传送至阴极，由于 Cu^{2+} 的得电子能力强而先进行还原反应，获得电子而成金属铜沉积于铂阴极上，形成金属镀层。与此同时，在阳极，由于 OH^- 失电子能力较 SO_4^{2-} 强，所以，OH^- 释放电子进行氧化反应，释放电子而生成的 O_2 在铂阳极上逸出。其电极反应为：

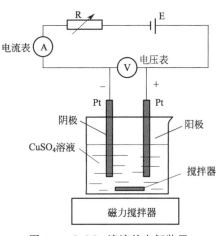

图 6-1　$CuSO_4$ 溶液的电解装置

阴极反应	$Cu^{2+} + 2e \longrightarrow Cu \downarrow$
阳极反应	$2H_2O \longrightarrow 4H^+ + O_2 \uparrow + 4e$
电解反应	$2Cu^{2+} + 2H_2O \longrightarrow O_2 + 2Cu + 4H^+$

此时，线路电流表显示有电流通过，称电解电流，以符号 I 表示。若加大外电压，则电解电流迅速上升。电解电流的大小反映了电极反应进行的速率。若电解过程中电流恒定，则通过电解液的电量 Q 与电流 I 的关系式为：$Q = It$。

二、法拉第电解定律

电解电流与电极上的反应密切相关，电流进出电解池是通过电极反应来完成的，与电流通过一般的导体有本质的不同。电解过程中通过的电量与电极上反应析出或溶解物质的质量成正比，可以用法拉第电解定律（又称库仑定律）来描述，其数学表示式为：

$$m = \frac{MQ}{nF} \tag{6-1}$$

式中，m 为电解析出（或溶解）物质的质量 g；M 为析出物质的摩尔质量，kg/mol；Q 为电解时通过的电量，C；n 为电极反应电子转移数；F 为法拉第常数，96487C/mol，即 1mol 电子的电量；$Q/(nF)$ 为电解析出（或溶解）物质的物质的量，mol。

通过测量电解过程中所消耗的电量就可求出电极反应物质的质量，这是库仑分析法的定量依据。使用法拉第电解定律必须满足两个条件：一是工作电极上只发生单纯的电极反应；二是电流效率必须达到100%。

三、电流效率的影响因素

库仑分析是基于电量的测量，因此，通过电解池的电流必须全部用于电解被测的物质，不应当发生副反应和漏电现象，即保证电流效率达到100%，这是库仑分析的关键。换言之，需要保证电极反应是单一的，没有其他副反应发生。但在实际应用中，常存在各种干扰，电流效率难以达到100%，其中影响电流效率的主要因素有以下几方面。

1. 溶剂的电解

电解一般在水溶液中进行，水可以参加电极反应而被电解，消耗一定的电量。所以溶剂的电解一般是指水的电解，即发生阴极放氢、阳极放氧的反应。防止水电解的办法是控制合适的电解电位、控制合适的 pH 及选择过电位高的电极。

例如，为了避免 H^+ 还原反应的干扰，常采用对氢的超电位较高材料作电极（如汞电极），同时在测定中尽量降低溶液中 H^+ 的浓度。

2. 杂质的电解

电解溶液中的杂质可能是试剂的引入或样品中的共存物质，在控制的电位下会电解而产生干扰。消除的办法是试剂提纯或空白扣除，也可以对试液中杂质进行分离或掩蔽。

3. 溶液中溶解氧的电解

溶液中的溶解氧，会在阴极上还原为过氧化氢或水，消耗一定的电量。消除的办法是可向电解溶液中通高纯 N_2 或 H_2 驱氧（时间 15min 以上，必要时可使电解池始终处于 N_2 或 H_2 氛围），或在中性、弱碱性溶液中加入 Na_2SO_3 除氧。

4. 电极参与电极反应

有的惰性电极，如铂电极，氧化电位很高，不易被氧化，但若电解溶液中有络合剂存在（如大量 Cl^-）时，其电位会降低而可能被氧化。防止办法是改变电解溶液的组成或更换电极，如可换用石墨电极。

5. 电解产物的再反应

电解产物的再反应可能是一个电极上的产物与另一个电极上的产物反应，也可能是电极反应产物与溶液中某物质再反应。如测定碱时，阴极上生成的 OH^- 会与阳极上产生的 H^+ 发生副反应；再如阴极还原 Cr^{3+} 为 Cr^{2+} 时，Cr^{2+} 会被 H^+ 氧化又重新生成 Cr^{3+}。电解产物再反应的克服办法是改变电解溶液。

第二节　控制电位库仑分析法

一、方法原理及装置

1. 方法原理

控制电位库仑分析法又称恒电位库仑分析法，是在电解过程中，用恒电位装置控制阴极电位在待测组分的析出电位上，使待测物质以 100% 的电流效率进行电解，当电解电流趋于零时，表明该物质已被完全电解，此时可利用串联在电解电路中的库仑计，测量从电解开始到待测组分完全分解析出时所消耗的电量，由法拉第电解定律求出被测物质的含量。

2. 测量装置

控制电位库仑分析法的基本装置包括 4 个单元，即库仑计、直流电源、恒电位装置和电解池系统。如图 6-2 所示。用恒电位装置控制工作电极（阴极）电位在恒定值，工作电极与对电极之间构成电流回路系统。工作电极与参比电极之间构成电位测定及控制系统。常用的工作电极有铂、银、汞、碳电极等，常用的参比电极有饱和甘汞电极（SCE）、Ag-AgCl 电极等。

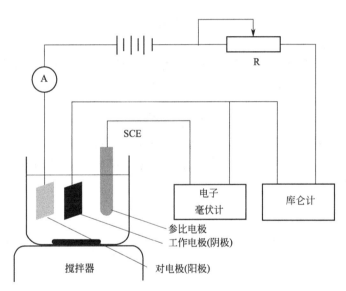

图 6-2　控制电位库仑分析法的基本装置

二、电量的测定

控制电位库仑分析法的电量主要由库仑计测定，常用的库仑计有气体库仑计、重量库仑计和电子积分库仑计。

1. 气体库仑计

气体库仑计有氢氧和氮氧气体库仑计，常用的为氢氧气体库仑计。氢氧库仑计是一个电解水的装置，电解液可用 0.5mol/L 的 K_2SO_4 或 Na_2SO_4 溶液，装入电解管中，管外为恒温水浴套，电解管与刻度管用橡皮管连接，电解管中焊两片铂电极，串联到电解回路中。电解时，两铂电极上分别析出 H_2 和 O_2。

阴极析氢反应 　　　　　　　　　$2H^+ + 2e \longrightarrow H_2 \uparrow$

阳极析氧反应 　　　　　　　　　$2H_2O \longrightarrow O_2 \uparrow + 4H^+ + 4e$

从电极反应式及气体定律可知，在标准状况（273K、101.3kPa 压力）下，每库仑电量可析出 0.1741mL 氢、氧混合气体。将实际测得的混合气体总量换算为标准状况下的体积 V（mL），即可求出电解所消耗的总电量 Q（C）。

$$Q = V/0.1741$$

然后由法拉第电解定律得出待测物的质量：

$$m = \frac{MQ}{nF} = \frac{MV}{0.1741nF} \tag{6-2}$$

氢氧库仑计使用简便，能测量 10C 以上的电量，准确度达 0.1‰ 以上，但灵敏度较差。

2. 重量库仑计

重量库仑计有钼库仑计、铜库仑计、汞库仑计等，常用的为银库仑计。以铂坩埚为阴极，银棒为阳极，用多孔瓷管把两极分开，坩埚内盛有 $1\sim2mol/L$ 的 $AgNO_3$ 溶液，串联到电解回路上，电解时发生如下反应：

阳极反应 $Ag \longrightarrow Ag^+ + e$

阴极反应 $Ag^+ + e \longrightarrow Ag$

电解结束后，称量坩埚的增重，由析出银的量 m_{Ag} 算出所消耗的电量：

$$Q = \frac{m_{Ag}}{M_{Ag}}F \tag{6-3}$$

3. 电子积分库仑计

现代仪器多采用积分运算放大器库仑计或数字库仑计测定电量。恒电位库仑分析过程中电解电流 I_t 随电解时间 t 不断变化，从电解开始到电解完全通过电解池的总电量为：

$$Q = \int_0^t I_t dt \tag{6-4}$$

电子积分库仑计采用电流线路积分总电量并直接从仪表中读出，非常方便、准确，精确度可达 $0.01\sim0.001\mu C$。电解过程中可用 x-y 记录器自动绘出 I_t-Q 曲线。

三、特点及应用

1. 特点

控制电位库仑分析法主要有以下特点。

① 该法是测量电量而非称量，不要求被测物质在电极上沉积为金属或难溶物，因此可用于测定进行均相电极反应的物质或不易称量的电极反应析出物，特别适用于有机物测定和生化分析及研究。

② 方法的灵敏度、准确度均较高，能测定微克级物质，最低能测定到 $0.01\mu g$，相对误差为 0.1%～0.5%。

③ 可用于电极过程及反应机理的研究，如测定电极反应的电子转移数、扩散系数等。

④ 仪器构造较为复杂，杂质及背景电流的影响不易消除，电解时间较长。

2. 应用

控制电位库仑分析法的诸多优点使其特别适用于混合物质的测定，因而得到了广泛的应用。可用于五十多种元素及其化合物的测定。其中包括氢、氧、卤素等非金属，钠、钙、镁、铜、银、金、铂族等金属以及稀土和镧系元素等。在有机和生化物质的合成和分析方面的应用也很广泛，涉及的有机化合物达五十多种。例如，三氯乙酸的测定，血清中尿酸的测定，以及在多肽合成和加氢二聚作用等的应用。

控制电位库仑法也是研究电极过程、反应机理等方面的有效方法。测定电极反应的电子数不需事先知道电极面积和扩散系数。例如，在 100mL 0.1mol/L HCl 中，以银为阳极，汞滴为阴极，−0.65V（参比电极为 SCE）时电解 0.0399mol/L 的苦味酸，利用氢氧库仑计测得电量为 65.7C，求得电极反应电子数 $n=17.07$，由此证明了苦味酸的还原反应为：

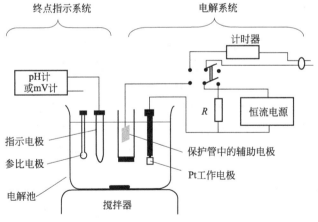

第三节　控制电流库仑分析法

一、方法原理及装置

1. 方法原理

控制电流库仑分析法又叫恒电流库仑分析法或库仑滴定法。广义上说，控制电流库仑分析是指以恒定电流进行电解，测量电解完全时所消耗的电量，再由法拉第定律计算分析结果的分析方法。它是用恒定的电流 I 通过电解池，使工作电极上生成一种能够与溶液中被测物质发生反应的物质，称为电生滴定剂。当被测物质与电生滴定剂作用完毕后，由指示终点的仪器发出信号，立即关掉计时器，记录下电解所需时间 t。由 $Q=It$ 计算出电解所消耗的电量，然后用法拉第电解定律求出被测物质的量。

库仑滴定法与一般滴定分析法有相似之处，不同点在于库仑滴定中的滴定剂是由电解产生，而不是由滴定管加入，其计量标准量为时间及电流（或 Q），而不是一般滴定法的标准溶液的浓度及体积。

2. 测量装置

库仑滴定法的装置由电解系统和终点指示系统两部分构成，如图 6-3 所示。

图 6-3　库仑滴定装置

电解系统是一种恒电流电解装置，主要由恒电流电源、电解池、计时器等部件组成。其作用是提供一个数值已知的恒电流，产生滴定剂并准确记录电解时间。通过电解池的电流可由精密检流计显示，也可由精密电位计测量标准电阻上的电压而求得。电解池中有两对电极，一对是指示终点的电极（称指示电极）；另一对为进行库仑测定的电极（其中与被测物质起反应的电极称工作电极，另一个称辅助电极或对电极）。为了防止辅助电极发生的反应对工作电极产生干扰，通常把辅助电极装在玻璃套内，利用离子交换膜封闭套管，或在套管底部镶上一块微孔底板，上面放一层琼脂或硅胶来防止套管内的物质扩散至电解液中。计时器用来记录电解时间。一般采用精密电子计时器，利用双掷开关可以同时控制电子计时器和电解电路，使电解和计时器同步进行。当达到滴定反应的化学计量点时，指示电路发出"信号"，指示到达了滴定终点，用人工或自动装置切断电解电源，同时记录时间。

终点指示系统用于指示滴定终点的到达，其具体装置依据终点指示方法而定，可以用指示剂指示，也可用电化学方法指示，包括电位法、电流法、电导法等。

二、库仑滴定剂的产生方法

库仑滴定法中的电生滴定剂产生于电极上，并瞬间与被测物质反应而被消耗掉，因而克服了普通滴定分析中标准滴定溶液的制备、标定以及储存等引起的误差。其产生方法主要有以下三种。

1. 内部电生滴定剂法

内部电生滴定剂法是指电生滴定剂的反应和滴定反应在同一电解池中进行。采用此法的电解池中除了含有待测组分外还必须含有大量的辅助电解质。辅助电解质的作用有以下几个方面：一是电生出滴定剂；二是起电位缓冲剂作用；三是由于大量辅助电解质的存在，可以允许电解在较高电流密度下进行而缩短了分析时间。目前，多数库仑滴定都是以此法产生滴定剂。

库仑滴定中对辅助电解质有以下几点要求：

① 以 100％的电流效率产生滴定剂，无副反应发生；

② 要有合适的指示终点的方法；

③ 生成的滴定剂与待测物之间能快速发生定量反应。

2. 外部电生滴定剂法

外部电生滴定剂法是指电生滴定剂的电解反应与滴定反应不在同一溶液体系中进行，而是由外部溶液电生出滴定剂，然后加到试液中进行滴定。

3. 双向中间体库仑滴定法

此法采用返滴定方式，在滴定过程中需要产生两种电生滴定剂。即对反应速率较慢的反应，先在第一种条件下产生过量的第一种滴定剂，待与被测物完全反应后，改变条件，再产生第二种滴定剂，返滴过量的第一种滴定剂，两次电解所消耗电量的差就是滴定被测物质所需的电量。例如，以 Br_2/Br^- 和 Cu^{2+}/Cu^+ 两电对可进行有机化合物溴值的测定。先由 $CuBr_2$ 溶液在阳极上电解产生过量的 Br_2，待 Br_2 与有机化合物反应完全后，倒换工作电极极性，再由阴极电解产生 Cu^+，用以滴定过量的 Br_2。根据两次电解所消耗的电量之差就可求出有机化合物所消耗的 Br_2，即求出溴值。

三、滴定终点的指示方法

库仑滴定中的终点指示方法主要有指示剂法、电位法、永停终点法等。

1. 指示剂法

这种方法与普通滴定分析法中的一样，都是利用溶液颜色的变化来指示终点的到达。当电解产生的滴定剂略微过量时，溶液变色，说明终点到达。

例如，库仑滴定法测定肼时，可加入辅助电解质溴化钾，以甲基橙为指示剂。电极反应为：

$$阳极反应 \qquad 2Br^- \longrightarrow Br_2 + 2e （电生出滴定剂）$$

阴极反应　　　　　　　　　　　　$2H^+ + 2e \longrightarrow H_2$

滴定反应　　　　　　　　　　$H_2NNH_2 + 2Br_2 \longrightarrow N_2 + 4HBr$

在滴定反应达到化学计量点后，过量的 Br_2 使甲基橙退色，指示到达滴定终点。

指示剂法省去了库仑滴定装置中的指示系统，简便实用，常用于酸碱库仑滴定，也可用于氧化还原、络合和沉淀反应。由于指示剂的变色范围一般较宽，所以此法的灵敏度较低，不适合进行微量分析，对于常量的库仑滴定可得到满意的测定结果。选择指示剂时应注意两点：一是所选指示剂必须是在电解条件下的非电活性物质，即不能在电极上发生反应；二是指示剂与电生滴定剂的反应，必须是在被测物质与电生滴定剂的反应之后，即前者反应速度要比后者慢。

2. 电位法

库仑滴定的电位法与电位滴定法指示终点的原理一样，也是选用合适的指示电极来指示滴定终点前后电位的突变。可以根据滴定反应的类型，在电解池中另外放入合适的指示电极和参比电极，以直流毫伏计（高输入阻抗）或酸度计测量电动势或 pH 的变化（图 6-3）。其滴定曲线可用电位（或 pH）对电解时间的关系表示。

例如，利用库仑滴定法测定钢铁中碳的含量。首先将钢样在 1200℃ 左右通氧气灼烧，试样中的碳经氧化后产生 CO_2 气体，导入置有高氯酸钡溶液的电解池中，CO_2 被吸收，产生下列反应：

$$Ba(ClO_4)_2 + H_2O + CO_2 \longrightarrow BaCO_3 + 2HClO_4$$

由于生成高氯酸，溶液的 pH 发生变化。在电解池中，用一对铂电极作为工作电极和对电极，电解时工作电极（阴极）上生成滴定剂 OH^-：

$$2H_2O + 2e \longrightarrow 2OH^- + H_2$$

OH^- 与高氯酸反应，中和溶液使之恢复到原来的酸度。用 pH 玻璃电极、参比电极和酸度计组成终点指示系统。终点时，酸度计上显示的 pH 发生突跃，指示终点到达。

3. 永停终点法

永停终点法是电流法指示终点的一种，又称双指示电极电流指示法或死停终点法。其装置如图 6-4 所示。控制指示电极系统的电压（图中 a、b 两指示电极之间的电位差）为一个恒定值，由指示电路上检流计显示的电流的变化来指示滴定终点。

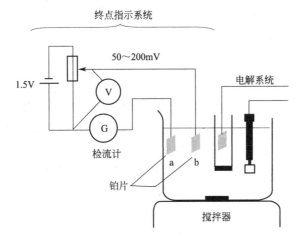

图 6-4　永停终点法装置

a、b 两电极通常采用的是两支大小相同的铂电极，所加恒定电压值一般很小，约为 $50 \sim 200 mV$，从指示电流的变化（发生变化或停止变化）确定终点。由于外加电压很小，对于可逆体系（电解液中存在可逆电对），指示系统有电流通过，而对于不可逆体系（电解液中无可逆电对），则没有电流产生。现以库仑滴定法测定 As(Ⅲ) 为例，说明永停终点法确定终点的原理。

测 As(Ⅲ) 时，指示电极为两个相同的铂片，外加电压为 200mV。在 0.1mol/L H_2SO_4 介质中，以 0.2mol/L KBr 为辅助电解质，电生出 Br_2 测定 As(Ⅲ)。电解时，电解系统电极上发生如下反应：

阳极反应 $\quad\quad\quad\quad\quad 2Br^- \longrightarrow Br_2 + 2e$（滴定剂）

阴极反应 $\quad\quad\quad\quad\quad 2H_2O + 2e \longrightarrow 2OH^- + H_2$（用套管隔离）

生成的 Br_2 立刻与溶液中的 As(Ⅲ) 进行反应。在计量点之前，指示系统基本上没有电流通过，因为这时溶液中没有剩余的 Br_2。如要使指示系统有电流通过，则两个指示电极必须发生如下反应：

阳极反应 $\quad\quad\quad\quad\quad 2Br^- \longrightarrow Br_2 + 2e$

阴极反应 $\quad\quad\quad\quad\quad Br_2 + 2e \longrightarrow 2Br^-$

但当溶液中没有 Br_2 的情况下而要使上述反应发生，指示系统的外加电压至少要达到 0.89V，实际所加的外加电压只有 0.2V，因此，不会发生上述反应，也不会有电流通过指示系统。当 As(Ⅲ) 作用完时，过量的 Br_2 与同时存在的 Br^- 组成可逆体系（存在了 Br_2/Br^- 可逆电对），两个指示电极上发生上述反应，指示电流迅速上升，表示终点已到达。以滴定过程检流计电流 i 对相应的电解时间 t 作图，可得到永停滴定曲线，如图 6-5(a) 所示，图中曲线代表滴定过程中溶液为不可逆体系，到达终点后，溶液为可逆体系。

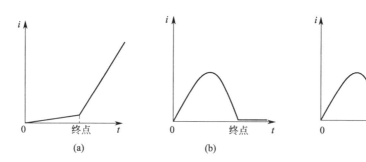

图 6-5　几种典型的永停滴定曲线

图 6-5(b) 中曲线代表滴定过程中溶液为可逆体系，滴定终点后，溶液变为不可逆体系，电流下降至零。图 6-5(c) 中曲线代表滴定过程中溶液处于一种可逆状态，存在第一种可逆电对，终点时原可逆电对消失，滴定剂稍过量又产生新的可逆电对，所以电流在终点时为零，随后又迅速增大。例如，在 Ce^{3+} 和 Fe^{2+} 溶液中，用电生 Ce^{4+} 滴定 Fe^{2+}，终点前溶液中存在的 Fe^{3+}/Fe^{2+} 可逆电对消失，电流为零，随后过量的滴定剂又产生 Ce^{4+}/Ce^{3+} 可逆电对，电流又上升。

四、特点及应用

1. 特点

库仑滴定法具有以下几方面特点。

　　① 与普通滴定法相比，两者都需要终点指示、使用的反应都必须快速、完全且无副反应发生；但库仑滴定法不需要标准溶液，省去了标准溶液的配制、标定、储存等过程。

　　② 在现代技术条件下，电解电流和电解时间均可准确计量，只要电流效率和终点控制好，库仑滴定法的准确度、精密度都会很高。一般相对误差在 0.2% 左右，甚至可达到 0.01%。因此，可以用作标准方法或仲裁分析法。

　　③ 有些物质或不稳定或者浓度难以保持一定，如 Cu^+、Cr^{2+}、Sn^{2+}、Ti^{3+}、Cl_2、Br_2 等，在一般滴定中不能配制成标准溶液，而在库仑滴定中可以产生为电生滴定剂。

　　④ 库仑滴定灵敏度高，取样量少。既能测定常量物质，又能测定痕量物质。

　　⑤ 易实现自动检测，可进行动态的流程控制分析。

　　⑥ 可进行微量库仑滴定。

　　2. 应用

　　由于库仑滴定法具有分析速度快，仪器设备比较简单，易于实现自动化等优点，可作为在线仪表和环境监测仪器。由于凡能与电解时所产生的滴定剂迅速反应的物质，均可用库仑滴定法测定，因此，能用容量分析的各类滴定如酸碱滴定、氧化还原滴定、沉淀滴定和配位滴定等测定的物质，均可用库仑滴定法进行测定。控制电流库仑分析法还可用于有机化合物和金属配合物的反应机理及电极过程的研究。表 6-1 和表 6-2 列出了库仑滴定法部分应用实例。

表 6-1　应用酸碱、沉淀及配位反应的库仑滴定法

被测物质	产生滴定剂的电极反应	滴 定 反 应
酸	$2H_2O+2e \longrightarrow 2OH^- +H_2$	$OH^- +H^+ \longrightarrow H_2O$
碱	$2H_2O \longrightarrow 4H^+ +O_2+4e$	$H^+ +OH^- \longrightarrow H_2O$
卤素离子	$Ag \longrightarrow Ag^+ +e$	$Ag^+ +X^- \longrightarrow AgX$
硫醇	$Ag \longrightarrow Ag^+ +e$	$Ag^+ +RSH \longrightarrow AgRS+H^+$
氯离子	$2Hg \longrightarrow Hg_2^{2+} +2e$	$Hg_2^{2+} +2Cl^- \longrightarrow Hg_2Cl_2$
Zn^{2+}	$[Fe(CN)_6]^{3-} +e \longrightarrow [Fe(CN)_6]^{4-}$	$2[Fe(CN)_6]^{4-} +3Zn^{3+} +2K^+ \longrightarrow K_2Zn_3[Fe(CN)_6]_2$
Ca^{2+}、Cu^{2+}、Pb^{2+}、Zn^{2+}	$HgNH_3Y^{2-} +NH_4^+ +2e \longrightarrow Hg+2NH_3+HY^{3-}$ （Y^{4-} 为 EDTA 离子）	$HY^{3-} +Ca^{2+} \longrightarrow CaY^{2-} +H^+$

表 6-2　库仑滴定法产生的滴定剂及应用

滴定剂	反应介质	工作电极	测定的物质
Br_2	0.1mol/L H_2SO_4 ＋0.2mol/L NaBr	Pt	Sb(Ⅲ)、I^-、Tl(Ⅰ)、U(Ⅳ)、有机化合物
I_2	0.1mol/L 磷酸盐缓冲溶液（pH=8）＋0.1mol/L KI	Pt	As(Ⅲ)、Sb(Ⅲ)、$S_2O_3^{2-}$、S^{2-}
Cl_2	2mol/L HCl	Pt	As(Ⅲ)、I^-、脂肪酸
Ce^{4+}	1.5mol/L H_2SO_4 ＋0.1mol/L $Ce_2(SO_4)_3$	Pt	Fe(Ⅱ)、$[Fe(CN)_6]^{4-}$
Mn(Ⅲ)	1.8mol/L H_2SO_4 ＋0.2mol/L $MnSO_4$	Pt	草酸、Fe(Ⅱ)、As(Ⅲ)
Ag(Ⅱ)	5mol/L HNO_3 ＋0.1mol/L $AgNO_3$	Pt	As(Ⅲ)、V(Ⅳ)、Ce(Ⅲ)、草酸
$[Fe(CN)_6]^{4-}$	0.2mol/L $K_3Fe(CN)_6$（pH=2）	Pt	Zn(Ⅱ)
Cu(Ⅰ)	0.02mol/L $CuSO_4$	Pt	Cr(Ⅵ)、V(Ⅴ)、IO_3^-
Fe(Ⅱ)	2.0mol/L H_2SO_4 ＋0.6mol/L 铁铵矾	Pt	Cr(Ⅵ)、V(Ⅴ)、IO_4^-
Ag(Ⅰ)	0.5mol/L $HClO_4$	Ag 阳极	Cl^-、Br^-、I^-
EDTA(Y^{4-})	0.02mol/L $HgNH_3Y^{2-}$ ＋0.1mol/L NH_4NO_3（pH=8,电解液需除氧）	Hg	Ca(Ⅱ)、Zn(Ⅱ)、Pb(Ⅱ)等
H^+ 或 OH^-	0.1mol/L Na_2SO_4 或 KCl	Pt	OH^- 或 H^+、有机酸或碱

本 章 小 结

1. 有关名词术语

库仑分析法，电解，电流效率，电生滴定剂，永停终点法。

2. 基本原理

① 库仑分析法的基本条件和定量依据；

② 法拉第电解定律：定律的使用条件和数学表达式；

③ 影响电流效率的因素及相应的消除方法；

④ 控制电位库仑分析法原理；控制电流库仑分析法原理。

3. 仪器装置

① 控制电位库仑分析法的装置，各主要部件名称及作用；电量的测量方法和仪器。

② 控制电流库仑分析法的装置，各主要部件名称及作用；电生滴定剂的产生方法；终点指示方法。

4. 方法应用

① 恒电位库仑分析法的应用；

② 恒电流库仑滴定的基本技术及应用。

思考题与练习

1. 什么是库仑分析法？库仑分析法分哪几类？

2. 库仑分析要获得准确分析结果必须具备哪些条件？

3. 简述法拉第电解定律的内容，说明应用定律的条件有哪些？

4. 简述影响电流效率的因素及消除方法。

5. 在 $CuSO_4$ 溶液中，用铂电极以 0.1000A 的电流通过 10min，在阴极上沉积铜的质量为_____ g。假设电流效率为 100%。

6. 简述控制电位库仑分析法基本原理。

7. 简述控制电位库仑分析法中电量的主要测定方法。

8. 库仑滴定装置中的电解系统起什么作用？主要由哪些部件组成？

9. 库仑滴定分析法中电生滴定剂的产生方式有_____、_____、_____，最常用的是_____。

10. 库仑滴定法中常见的终点指示法有_____、_____、_____。

11. 何谓永停终点法？

12. 由库仑法生成的 Br_2 来滴定 Tl^+，滴定反应为：$Tl^+ + Br_2 \longrightarrow Tl^{3+} + 2Br^-$，到达终点时，测得电流为 10.00mA，时间为 102.0s，溶液中 Tl^{3+} 的质量是____ g。[$M(Tl) = 204.4mol/L$]

    A. 7.203×10^{-4} B. 1.080×10^{-3} C. 2.160×10^{-3} D. 1.808

13. 以镍电极为阴极电解 $NiSO_4$ 时，阴极产物是（　　）

    A. H_2 B. O_2 C. H_2O D. Ni

14. 用库仑滴定法测定某炼焦厂排污水中的含酚量。取水样 100mL，酸化后加入过量的 KBr，电解产生的 Br_2 与苯酚反应：

电解反应 $2Br^- \longrightarrow Br_2 + 2e$

滴定反应 $\qquad C_6H_5OH + 3Br_2 \longrightarrow Br_3C_6H_2OH + 3HBr$

电解电流为 20.8mA，到达终点的电解时间为 7 分 30 秒。试计算水样中酚的浓度（单位 mol/L）。

实训 6-1　库仑滴定法标定 Na₂S₂O₃ 溶液的浓度

一、实训目的
① 学习库仑滴定法和永停法指示终点的基本原理；
② 掌握库仑滴定的基本操作技术。

二、测定原理
化学分析法所用的标准溶液大部分是借助于另一种标准物质作基准来标定，而基准物的纯度、使用前的预处理（如烘干、保干或保湿）、称量的准确度以及滴定时对终点颜色变化的目视观察等，都对标定的结果有重要影响。而库仑滴定法是通过电解产生的物质与标准溶液反应进行标定，由于库仑滴定涉及的电流和时间两个参数可利用近代电子技术进行精确的测量，因此该法准确度非常高，避免了化学分析中依靠基准物的限制。如对 $Na_2S_2O_3$、$KMnO_4$、KIO_3 和亚砷酸等标准溶液，都可采用库仑滴定法进行标定。

本实验是在 H_2SO_4 介质中，以电解 KI 溶液产生的 I_2 标定 $Na_2S_2O_3$ 溶液。在工作电极上以恒电流进行电解，发生下列反应：

阳极反应 $\qquad 2I^- \longrightarrow I_2 + 2e$

阴极反应 $\qquad 2H^+ + 2e \longrightarrow H_2$

工作阴极置于隔离室（玻璃套管）内，套管底部有一微孔陶瓷芯，以保持隔离室内外的电路畅通，这样的装置避免了阴极反应对测定的干扰。阳极产物 I_2 与 $Na_2S_2O_3$ 溶液发生作用：

滴定反应 $\qquad I_2 + 2S_2O_3^{2-} \longrightarrow S_4O_6^{2-} + 2I^-$

由于上述反应，在化学计量点之前溶液中没有过量的 I_2，不存在可逆电对，因而当采用永停法指示终点时，两个铂指示电极回路中无电流通过。当继续电解，产生的 I_2 与全部的 $Na_2S_2O_3$ 作用完毕，稍过量的 I_2 即可与 I^- 形成 I_2/I^- 可逆电对，此时在指示电极上发生下列电极反应：

指示阳极 $\qquad 2I^- \longrightarrow I_2 + 2e$

指示阴极 $\qquad I_2 + 2e \longrightarrow 2I^-$

由于在两个指示电极之间保持一个很小的电位差（约 200mV），所以此时在指示电极回路中立即出现电流的突跃，以指示终点的到达。

正式滴定前，需进行预电解，以清除系统内还原性干扰物质，提高标定的准确度。

三、仪器与试剂
1. 仪器

KLT-1 型通用库仑仪（江苏电分析仪器厂）；配套电解池；磁力搅拌器；1mL 移液管；100mL 量筒；烧杯等。

2. 试剂

电解液：0.1mol/L KI + 1mol/L H_2SO_4；待标定的 $Na_2S_2O_3$ 溶液：约 0.005mol/L。

四、测定步骤
（1）仪器准备接通电源，打开仪器预热 10min。将电解池清洗干净，量取碘化钾电解液

70mL 置于电解池中，放入搅拌磁子，将电解池放在电磁搅拌器上。用热的 $10\%\mathrm{HNO_3}$ 溶液浸泡铂电极几分钟，先用自来水冲洗，再用蒸馏水冲干净后待用。

（2）将电极系统装在电解池上，在铂丝阴极隔离管中用滴管注入 KI 溶液至管的 2/3 部位。铂片电极接"阳极"（红线），隔离管中铂丝电极接"阴极"（黑线），启动搅拌器，将指示电极连线夹头接在另一对铂电极的引出线上。注意使隔离管内的液面略高于电解池中的液面。

（3）"量程选择"置 10mA 挡，"工作／停止"开关置工作状态，按下【电流】和【上升】键开关；按下【极化电位】键，微安表指针应在 20，如不符，调节"补偿极化电位"旋钮，使其达到要求，弹起【极化电位】按键。

（4）电解池中滴入几滴 $\mathrm{Na_2S_2O_3}$ 溶液，按下【启动】键，再按【电解】按钮，电解即开始，观察数码管显示的消耗电量数值。当"终点指示灯"亮，电解停止，数码显示的电量即为此次电解所消耗的电量（单位：毫库仑 mC）（此步骤能将 KI 溶液中的还原性杂质除去，称为"预滴定"或"预电解"）。弹起【启动】按键，再滴加 1～2 滴 $\mathrm{Na_2S_2O_3}$ 溶液，按下【启动】键，按【电解】按钮开始电解，"终点指示灯"亮，终点到。为能熟悉终点的判断，可如此反复练习几次。

（5）准确移取待标定 $\mathrm{Na_2S_2O_3}$ 溶液 1.00mL 置于上述电解池中，按下【启动】键，按【电解】按钮开始电解，"终点指示灯"亮，终点到。记下电解消耗的电量 $Q\mathrm{(mC)}$。弹起【启动】按键，再加入 1.00mL $\mathrm{Na_2S_2O_3}$ 溶液，按下【启动】键，按【电解】按钮，同样步骤测定，重复测定三次。

电解液可反复使用多次，不必更换；若电解池中溶液过多，可倒去部分后，继续使用。

（6）关闭仪器电源，拆除电极接线，洗净电解池及电极（注意清洗铂丝阴极隔离管），整理好实验仪器。

五、数据记录及处理

1. 数据记录

每次取待标定 $\mathrm{Na_2S_2O_3}$ 溶液的体积 V：_____ mL

实验序号	1	2	3	平均
电解消耗电量 Q/mC				
$\mathrm{Na_2S_2O_3}$ 溶液的浓度/(mol/L)				

2. 计算 $\mathrm{Na_2S_2O_3}$ 溶液的浓度（mol/L）

由法拉第电解定律知：

$$c_{\mathrm{Na_2S_2O_3}}=\frac{Q}{V\times 2\times 96487\mathrm{C/mol}}$$

式中，电解电量 Q 的单位为 mC，试液体积 V 的单位为 mL。

3. 计算浓度的平均值和相对平均偏差

六、注意事项

（1）电极的极性切勿接错，若接错必须仔细清洗电极。

（2）各铂片电极需完全浸没在电解液中。

（3）每次测定必须用移液管准确移取试液。

七、问题讨论

（1）结合本实验，说明用库仑法标定溶液浓度的基本原理，并与化学分析中的标定方法相比较，本法有何优点？

（2）根据本实验，请思考应从哪几方面着手提高标定的准确度？

（3）为什么正式标定前要进行预滴定？

实训 6-2　库仑滴定法测定微量肼

一、实训目的

① 学习库仑滴定法的基本原理。

② 掌握恒电流库仑滴定法测定微量肼的实验方法。

二、测定原理

库仑分析法是以测量电解反应所消耗的电量为基础的一类分析方法。根据电解方式的不同，库仑分析法可分为控制电位库仑分析和恒电流库仑滴定两种类型。控制电位库仑分析是使工作电极的电位保持恒定，使待测组分在该电极上发生定量的电解反应，并用库仑计或电流积分库仑计（电子库仑计式）记录电解过程所通过的电量，进而求得被测组分的含量。恒电流库仑滴定亦通称为库仑滴定，其过程是在试液中加入大量辅助电解质，然后控制恒定的电流进行电解，该辅助电解质由于电极反应而产生一种能与待测组分进行定量滴定反应的物质（称滴定剂），选择适当的确定终点方法，记录从电解开始到终点所需要的时间，进而根据反应的库仑数求出被测组分的含量。

本实验采用恒电流库仑滴定法，即在试液中加入大量的辅助电解质，以恒定的电流使辅助电解质电解，其产物作为滴定剂与被测组分发生定量反应，因此库仑滴定所利用的反应类型与通常的化学滴定分析相同，库仑滴定所利用的反应，也应该是反应速度快，基本上进行完全，而且无副反应发生。只是库仑滴定所用的滴定剂是在电解池中由电极反应产生，而不是通过滴定管加入的。由于所选择的电极反应，保证电流效率 100%，因而通过电量的准确测量，可以进行精确的定量计算。它可以选择指示剂法、电位法、电流法指示反应的终点。

本实验是在 0.3mol/L HCl 溶液中，使 0.1mol/L KBr 在铂电极（工作电极）上以恒电流进行电解，其反应为：

阳极反应　　　　　　　　　　$2Br^- \longrightarrow Br_2 + 2e$

阴极反应　　　　　　　　$2H^+ + 2e \longrightarrow H_2$

阳极产生的 Br_2 与试液中被测组分硫酸肼（$H_2NNH_2 \cdot H_2SO_4$）发生下述定量反应。

滴定反应　　　$H_2NNH_2 \cdot H_2SO_4 + 2Br_2 \longrightarrow N_2 + 4HBr + H_2SO_4$

实验采用双指示电极法指示滴定终点。在化学计量点之前，工作电极产生的滴定剂 Br_2 全部与硫酸肼反应，因而溶液中没有多余的 Br_2，仅存在不可逆的肼电对。指示电极间仅有微弱的残余电流通过，当到达化学计量点后，溶液中有过量的 Br_2 存在，形成 Br_2/Br^- 可逆电对，这时虽然施加于指示电极的外加电压很小（约 0.2V），但仍可发生下列反应：

指示阳极反应　　　　　　　　　$2Br^- \longrightarrow Br_2 + 2e$

指示阴极反应　　　　　　　　$Br_2 + 2e \longrightarrow 2Br^-$

由法拉第电解定律可知，在电极上生成或被消耗的某物质的质量 m 与通过该体系的电量 Q 成正比，且当电解过程中电流 i 恒定，则有：

$$m = \frac{M}{nF}Q$$

式中，M 为反应物质的相对原子质量或相对分子质量；n 为电解反应中电子的转移数；t 为电解时间；F 为法拉第常数，$1F＝96487C$。

化学试剂中如果存在有其他微量的还原性物质，会造成对测定的干扰，为此在正式滴定之前可先以少量试样加到电解质溶液中进行预电解，以消除杂质的影响。

三、仪器与试剂

1. 仪器

KLT-1 型通用库仑仪；1mL 移液管。

2. 试剂

0.3mol/L HCl＋0.1mol/L KBr 混合溶液；3mol/L H_2SO_4 溶液；硫酸肼水溶液。

四、测定步骤

分为预电解和样品测定两步，与实训 6-1 同。

五、实验数据记录及处理

1. 数据记录

每次取硫酸肼试液体积 V：＿＿＿＿ mL

实验序号	1	2	3	平均
消耗电量读数 Q/mC				
硫酸肼试液含量/(g/L)				

2. 计算原始试样中硫酸肼的含量（g/L）

由法拉第电解定律知：

$$c_{硫酸肼}=\frac{QM}{nFV}=\frac{MQ}{V\times4\times96487C/mol}$$

式中，电解电量 Q 的单位为 mC，试液体积 V 的单位为 mL，硫酸肼的摩尔质量 M 的单位为 g/mol。

3. 计算浓度的平均值和相对平均偏差

六、思考题

(1) 预电解后，若溶液中还含有微量的 Br_2，是否影响测定的准确度？

(2) 电解液为什么可反复使用多次？这样有什么好处？

(3) 如在平行测定过程中，若其中有一次电解过头，要否再进行预电解？

参 考 文 献

[1]　赵藻潘等. 仪器分析. 北京：高等教育出版社，1990.

[2]　北京大学化学系仪器分析教程组. 仪器分析教程. 北京：北京大学出版社，1997.

[3]　方惠群等. 仪器分析原理. 南京：南京大学出版社，1994.

[4]　赵文宽等. 仪器分析. 北京：高等教育出版社，2001.

[5]　黄一石，杨小林. 仪器分析. 第2版. 北京：化学工业出版社，2008.

[6]　朱明华. 仪器分析. 北京：高等教育出版社，2009.

[7]　韦进宝. 仪器分析. 北京：中国环境科学出版社，2008.

[8]　李发美. 分析化学. 北京：人民卫生出版社，2000.

[9]　方惠群，于俊生，史坚. 仪器分析. 北京：科学出版社，2005.